当核能
遇见智能

张恒◎编著

电子工业出版社·
Publishing House of Electronics Industry
北京·BEIJING

内 容 简 介

《当核能遇见智能》将带您进入一个令人振奋的科学世界，揭示核能与人工智能结合的无限潜力。本书从历史的回溯到未来的展望，全方位呈现核能与人工智能的奇妙交融。

一是您将穿越时空，了解核能与信息传递的深厚渊源。从最早的鼓声传递信息，到如今的人工智能系统，本书以引人入胜的叙述，将信息的传递与技术的演进相结合，为您勾勒出一个信息时代的图景。二是本书将带您深入探索人工智能的发展，特别是其在核能领域的应用。通过探讨人工智能浪潮的三次发展，您将全面了解技术的进化历程。与此同时，您还将深入了解人工智能在核能领域的革命性应用，包括提升核电站运行的安全性、智能化地管理核电站的系统与设备，以及有效进行核能领域中的数据处理与决策等。三是本书深入探讨了超级智能对于可控聚变能商用的推动作用。通过对基础物理现象建模和智能应用，您将领略人工智能在推动可控聚变能研究方面的前沿进展。此外，本书将带您了解如何利用人工智能解决核聚变装置中的关键问题，如预测等离子体破裂、处理多源诊断数据等，为可控聚变能的商业应用奠定坚实的基础。

总之，本书不仅会让您深入了解核能与人工智能的交融之美，而且会激发您对未知领域的好奇心，还将带您穿越科技的前沿，探寻核能与人工智能共舞的未来，为您打开一扇通往科学探索的大门。

图书在版编目（CIP）数据

当核能遇见智能 / 张恒编著 . -- 北京 ：电子工业
出版社，2024. 7. -- ISBN 978-7-121-48348-6
Ⅰ．TL-39
中国国家版本馆 CIP 数据核字第 2024AB6960 号

责任编辑：张佳虹
印　　刷：天津千鹤文化传播有限公司
装　　订：天津千鹤文化传播有限公司
出版发行：电子工业出版社
　　　　　北京市海淀区万寿路173信箱　邮编：100036
开　　本：720×1000　1/16　印张：17.25　字数：331.2千字
版　　次：2024年7月第1版
印　　次：2024年7月第1次印刷
定　　价：68.00元

凡所购买电子工业出版社图书有缺损问题，请向购买书店调换。若书店售缺，请与本社发行部联系，联系及邮购电话：（010）88254888，88258888。
质量投诉请发邮件至zlts@phei.com.cn，盗版侵权举报请发邮件至dbqq@phei.com.cn。
本书咨询联系方式：（010）88254493，zhangjh@phei.com.cn。

核能作为一种安全、清洁的低碳能源,是各国实现气候目标以及支持可持续发展的重要要素。为应对未来气候环境挑战,优化能源结构,人类对核能的需求必然日益增长,核能必须也一定能实现可持续发展。目前,全球 16 个国家核电占比超过本国电力供给的20%。作为绿色能源的支柱,核电也是中国能源结构调整的重大战略选择。人工智能通常指的是一种系统或机器能够模拟人类的智力、学习、理解、适应和执行任务的能力。人工智能的发展一直是科技领域的焦点之一,在可预见的未来,其影响将深刻改变我们的生活和工作方式。

核能与智能有着密切的关联。核能作为一种先进的能源形式,不仅在技术上有巨大发展前景,也在智能赋能场景上展现了强大潜力。众所周知,人工智能、核能及互联网,这些当今科技的关键领域,其最初的发源地皆可追溯到美国能源部托管的几个国家实验室。这些实验室,如阿贡国家实验室、橡树岭国家实验室、劳伦斯伯克利国家实验室以及劳伦斯利弗莫尔国家实验室,一直以来都是科技创新的摇篮。互联网和人工智能的初创工作,诸如最早的计算机网络和基础的人工智能算法,正是在这些实验室孕育成熟的。而核能的开创性研究,无疑也起源于这些卓越的科研机构。因此,从根本上说,核能与人工智能技术是同根同源的,都融入了最先进的科技智慧。而将核能与人工智能结合起来，不仅是对过去科技传承的一种延续，更是为了共同应对未来的科技挑战。

对于核能与智能的交叉应用研究，我们了解得越多，它就越有趣。在这本书中，作者通过清晰的叙述和翔实的案例展示，揭示了核能与智能交叉应用的前沿领域。通过透彻的解说，读者能够更好地理解核能和智能技术是如何在实际场景中相互促进、交融的。书中所呈现的丰富案例不仅展示了国内外智能技术在核能领域的成功应用，也为读者提供了更多深度思考的空间。这不仅为业内专业人士提供了指导和启示，也为广大普通读者呈现了核能与智能科技未来的前景。值得一提的是，书中对于国内外实验室、企业等在人工智能赋能核能领域的最新研究进展进行了详细介绍，使读者对该交叉领域的发展动态有更全面的认识。这不仅有助于读者更好地理解核能与智能结合的实际价值，也将激发读者进一步深入研究的兴趣。正如作者所说的那样，本书意在为读者在核能结合智能技术的落地应用的相关探索中指明方向、开拓视野，并在沿途用照片展示读者最感兴趣的细节，直到走向很远很远的地方。

人工智能赋能核能，要做到哪些方面、做到什么程度，还需要研究。但是，这一发展方向是确定的。人工智能是今后国际竞争的制高点，中国核能技术要实现从"并跑"到"领跑"的跨越，必须考虑占领这一领域的制高点。核能持续发展与智能技术密切相关，后者对于前者的促进和实现具有非常重要的作用和意义，核能与智能的结合不仅推动了核能技术的创新发展，也使核能在未来能源体系中更加智能、高效、可持续，这一融合将在全球范围内产生深远的影响，无论如何，我们必须全力以赴，这样才能共创核能发展美好未来。

叶奇蓁

中国工程院 院士

在科技的浩瀚星空中，核能与人工智能如同两颗璀璨的星辰，各自闪耀着独特的光芒。而今，这两大领域的交汇，不仅预示着一场深刻的科技革命，而且可能引领我们走向一个能源更加清洁、智能的未来。《当核能遇见智能》这本书，便是我对这一激动人心主题的探索与思考，这些探索和思考旨在为读者揭开这一交叉领域的神秘面纱，探讨其深远的影响和未来的可能性。

我的学术和职业生涯，恰逢其时地见证并参与了这一领域的成长。从硕士研究生阶段开始，我便对核能与信息技术的融合产生了浓厚的兴趣。在工业界的短暂经历，让我有机会将理论知识应用于实际的核电数字化项目中，亲身体验了技术转化的挑战与乐趣。随后的博士研究生涯，我深入探索了核能领域中人工智能的应用，这一时期的研究成果为本书的撰写奠定了坚实的基础。成为大学老师后，我有幸继续在这一前沿领域进行研究，并与学生们共同探讨和创新。这份工作不仅让我保持了对最新科技动态的敏感度，而且让我深刻认识到科普工作的重要性。《当核能遇见智能》正是我试图将复杂的科技概念转化为公众可以理解的语言的一次尝试。

本书共分为七章，每一章都围绕着人工智能与核能的结合展开，从不同角度揭示了这一结合的深远意义和潜在价值。例如，在第一章中，我们探讨了人工智能的兴起及其在能源领域的应用，特别是与核能的结合。这不仅仅是对技术发展的一次回顾，更是对未来趋势的展望。而第四章至第六章，我们具体探讨了人工智能在核能领域的应用，从核电站的安全管理到对可控聚变能的研究，每一部分都展示了人工智能如何成为推动核能技术进步的关键力量。在第七章中，我们探讨了超级智能对可控聚变能商业应用的潜在影响，这是一个充满挑战与机遇的领域，也是我对未来科技发展的一次大胆预测。此外，本书还展望了未来人工智能与核能技术结合的可能方向，这些展望基于当前的技术趋势和研究动态，旨在激发读者对未来科技发展的想象和期待。

在撰写本书的过程中，我深感科普工作的不易。将深奥的科技知识转化为通俗易懂的文字，需要不断地思考和调整表达方式，这一过程不仅仅是对知识的梳理和总结，更是一次心灵的触动和思想的升华。我深信，通过阅读此书，读者不仅能够深入了解核能与人工智能的结合之美，而且能够激发对未来科技发展的无限想象和探索热情。

本书付梓之际，我要感谢所有在本书撰写过程中给予了帮助和支持的人。感谢我的家人，他们的理解和支持是我不断前行的动力。感谢我的学生：古梦君、钟凌鹏、吕雪和古顺平，他们的热情和创新思维常常给我带来新的灵感。感谢电子工业出版社的张佳虹编辑，她的专业建议和辛勤工作确保了本书的质量。感谢中国核电工程有限公司叶奇蓁院士，在百忙之中为本书作序。也感谢重庆师范大学校长王国胤教授、重庆邮电大学副校长张清华教授、中国核动力研究设计院刘东研究员，以及中国核能行业协会信息化专业委员会沙睿主任，为本书成稿给出了很多具体的建议和支持。感谢重庆邮电大学出版基金的资助。感谢每一位读者，是你们的关注和反馈让科普工作变得更有意义。

张 恒

目　录
Contents

第三章

大数据下的人工智能：前所未有的革命与"破坏力量"　/ 091

第四章

此轮人工智能会推动核能发展吗　/ 137

人工智能浪潮

围棋，规则简洁而优雅，但玩法却千变万化，欲精通其内涵需要大量的练习与钻研。与此同时，围棋被认为是最复杂的棋盘游戏之一，据估计，围棋的决策点大概有10的170次方之多，其复杂度已于1978年被Robertson与Munro证明为PSPACE-hard（一类复杂性集合）。

1933年，19岁的吴清源五段已经战绩辉煌，在读卖新闻社主办的"日本棋院选手权战"[①]中获得优胜，取得与本因坊秀哉名人[②]的对弈资格，轰动日本。围棋运算量极大，对于棋手的算力要求极高，同时，由于当时并未采用封棋制，名人可以视情况暂停，这场笼罩着"中日对抗"色彩的世纪棋局整整下了3个月才结束！最终本因坊秀哉名人取胜，但是其取胜过程引人怀疑，很多人怀疑胜负手非本因坊秀哉个人智慧所得。很多人认为，正是这盘棋开启了人类现代围棋理论的"启蒙运动"。

几千年来，无数伟大的棋手在方寸乾坤中展示出自己的勇气与真意，可是，无论是本因坊秀哉名人，还是吴清源都不会想到，在他们的"世纪对弈"将近一个世纪后的2016年，与当世最优秀棋手对弈的竟然是一台机器，更不会想到，人类1比4不敌AlphaGo。2016年12月，神秘棋手Master登录中国弈城围棋网，以每天10盘的速度接连击败中外各大顶尖棋手，取得了空前绝后的60连胜。人们耳熟能详的职业棋手如古力、常昊等纷纷落败，柯洁也不幸成为AlphaGo的手下败将。2017年1月4日，AlphaGo团队公布，Master背后正是升级版AlphaGo的这一事实。猛然间，人们意识到，新一轮人工智能（AI）浪潮已经汹涌而至。

AlphaGo是于2014年由英国伦敦Google DeepMind公司开发的人工智能围棋程序。一直以来，相比起国际象棋，计算机在围棋方面胜过人类的难度

---

① 日本棋院选手权战：天元战的前身，1976年和关西棋院选手权战合并产生天元战。
② 名人：日本棋界旧称号，日本棋界领袖，当时世界围棋的九段。

更大，因为围棋有着更大的分支因子（Branching Factor），使得使用传统的AI方法（如 Alpha-Beta 修剪、树遍历和启发式搜索）变得非常困难。1997年，IBM公司的计算机程序 Deep Blue 在比赛中击败了国际象棋世界冠军 Garry Kasparov。在此后的近20年时间里，使用人工智能技术最强大的Go程序仅仅达到了业余5段围棋选手的级别，且在无让子的情况下仍然无法击败专业的围棋棋手。

从技术的角度来说，AlphaGo的做法是使用了两个深度神经网络与蒙特卡洛树搜索相结合的方法，其中一个以估值网络来评估大量的选点，而以走棋网络来选择落子。在这种设计下，计算机既可以结合树状图的长远推断，又可以像人类的大脑一样自发学习进行直觉训练，以提高其下棋实力。从更深层的算法层面来说，AlphaGo的算法设计了两个深度学习网络：价值网络（Value Network）和策略网络（Policy Network），二者的作用分别是预测游戏的胜利者和选择下一步行动，而神经网络的输入是经过预处理的围棋面板的描述（Description of Go Board）。此外，AlphaGo还使用了蒙特卡洛树搜索（Monte Carlo Tree Search，MCTS），并使用了大量的人类和计算机的对弈来进行模型训练。

继围棋之后，DeepMind又瞄准了暴雪公司的代表作之一——《星际争霸》。当AlphaGo下围棋时，可能的下法有10的170次方种，虽然这个数字比整个宇宙中的原子数量10的80次方多了几十个量级，而这对于《星际争霸》来说简直是小儿科。《星际争霸》作为一款经典的即时战略（Real-Time Strategy，RTS）游戏，玩家必须在宏观管理和微观个体的控制之间保持谨慎的平衡，因此，《星际争霸》在每一瞬间都有10的26次方种可能的操作——几乎无法计算。同时，在这款游戏中不存在最优策略，人工智能程序需要不断地探索和拓展更新战略知识，且操作空间巨大，需要同时操作上百个不同的单位，所以可能的组合空间非常大。DeepMind团队在《自然》上撰文表示，"《星际争霸》

已成为人工智能研究的一项重要挑战，这要归功于它天生的复杂性和多智能体挑战，成就了它在专业电竞中的持久地位，并且它与现实世界具有很强的相关性。"无独有偶，纽芬兰纪念大学计算机科学教授David Churchill曾说，"《星际争霸》太复杂了，能适用于《星际争霸》的系统，也能解决现实生活中的其他问题。"

DeepMind团队针对这样的游戏"神作"开发了专用的AI系统AlphaStar，正是这一套AI系统，在《星际争霸2》中战胜99.8%人类，登顶"宗师"段位。众所周知，在RTS游戏中对于选手有一项关键评价参数，即Actions Per Minute（APM）[①]。实际上，AlphaStar的平均APM只有277，而职业玩家的APM则可以达到559。那么，是什么原因促使APM水平并不顶尖的AlphaStar可以战胜一众职业选手？

从游戏的角度来看，是策略；从计算机的角度来看，是模型。完美的策略来源于精心优化的模型，而正是这一点的足够强大，使AlphaStar可以不拼"手速"也能轻松获胜。

是什么使得AlphaStar的策略，或者说模型会被如此精妙地优化呢？

算力与算例。

这两个发音相同的词语的含义完全不同，二者实质上可以囊括本轮人工智能浪潮的两大主要动因。我们回到AlphaStar的例子来解释这两个词语。先看算力，AlphaStar的硬件基础是10亿亿次浮点运算的液冷张量处理单元（Tensor Processing Unit，TPU），TPU正是专门为神经网络机器学习而开发的专用集成电路（ASIC）。而算例，则是用于训练和优化模型的数据。AlphaStar最初的训练数据仅仅是暴雪公司发布的匿名人类游戏，以此为起点开始训练模型；接下

---

① APM：每分钟操作的次数，又称"手速"。

来，使用"Alpha League"循环比赛方法，先对比从人类数据中训练出来的神经网络，然后逐次迭代，不同的AI实例开始相互对战，成功实例的分支被采用，并作为新选手重新引入"Alpha League"，使其不断发展壮大；最后，在"Alpha League"中选择最不容易被利用的AI程序去挑战人类，这个被选中的"天之骄子"称为"The Nash of League"。也正是这位"The Nash of League"战胜了《星际争霸》人类选手，最终登顶"宗师"段位。

第一节　人工智能应用大增长时代即将到来

虽然 AlphaGo 与 AlphaStar 被用于完成两种完全不同的竞技，但是它们实际上都基于同一种思想，即采用数据驱动的人工智能模型以完成非完全信息类博弈行为。同时，其更为显著的特征或者更耳熟能详的一个词——深度学习，已然成为二者的标签。

当我们在谈论这一轮人工智能浪潮的时候，深度学习必将被浓墨重彩地介绍一番。而提及深度学习，则会牵扯出更多概念性的词汇，如神经网络、深度学习、机器学习、人工智能等。

那么，它们各自是什么，关系又是什么呢？

从研究领域来进行一句话概括：深度学习是机器学习重要的分支，而机器学习则是人工智能的重要分支。近10年来，在对实际任务的具体研究中，表现最好的一些应用大部分都是基于深度学习的，而也正是因为以神经网络为基础的深度学习所具有的突出表现，引发了人工智能的第三次浪潮。那么，神经网络又是什么呢？简单来说，神经网络是一种模仿生物神经元结构和功能的数学模型或计算模型，其由大量的人工神经元连接进行计算，常用来对输入和输出间复杂的关系进行建模，或用来找到隐含在数据中的趋势或模式。在很多时候，我们可以给深度学习一个更学术的名字——深度神经网络模型。深度学习的研究起源于神经网络，并以神经网络为基础开拓了一条崭新的道路，让人们看到了实现强人工智能的希望。但是深度学习发展到现在，已经不仅仅停留在将神经网络加深，越来越多强大而实用的算法在这个领域绽放。尽管很多传统非神经网络的机器学习模型也通过模型的加深取得了很好的效果，但仅凭网络层数的加深这一特点，是无法将深度学习的强大概括完整的。然而本书不是专业论文，侧重于科普，那么，将深度学习约等于深度神经网络虽然有失公允，但实际上不会影响阅读效果。人工智能、机器学习和深度学习关系简图见图1-1。

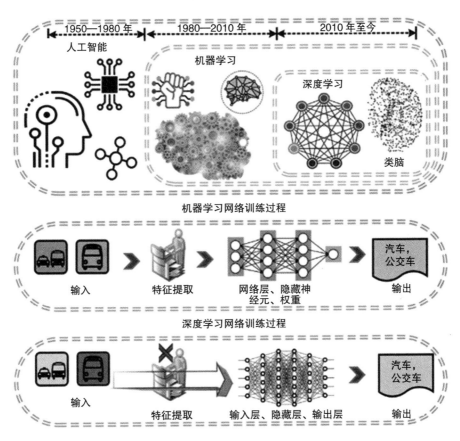

图 1-1　人工智能、机器学习和深度学习关系简图

既然是大数据驱动下基于神经网络的深度学习掀起了这一轮人工智能浪

潮，那么，我们就有必要深入了解一下什么是神经网络，什么是深度学习，以及深度学习是如何实现机器智能的。我们先看一个具体的例子：机器通过深度学习来识别图像中的数字（见图1-2）。

图 1-2　机器通过深度学习来识别图像中的数字

为了对图像中的数字进行识别，我们先将描述数字的图像向量化，作为神经网络的输入，随后再进行深度神经网络模型的搭建。深度神经网络模型包含若干个网络层，每层由若干神经元组成，均可接收信号，表示一种特定的输出函数（或运算），称为激励函数。层与层之间通过权重系数进行连接，基于激励函数和权重系数，神经网络对某种函数的逼近或映射关系进行近似描述。到这里就是深度学习的基础——神经网络的基本架构和思路了。

那么，具体如何识别数字呢？例如，这个28×28像素的图像（见图1-3）展示的数字是7，于是我们将其降维成一个784×1的向量，作为神经网络的输入，即这个神经网络输入层的神经元个数是784。我们预先在网络的出口都插一块字牌（0，1，…，9），对应每一个我们想让计算机认识的数字。这时，因为输入的是"7"，等信号流过整个神经网络，计算机就会"跑"到通道出口位置去"看一看"，是不是标记为"7"的通道出口的信号值最大。如果是这样，就说明神经网络参数配置在训练数据上符合要求。如果不是这样，就调节

第一章 人工智能浪潮

神经网络里的链接权重参数，让标记为"7"的通道出口的信号值最大。

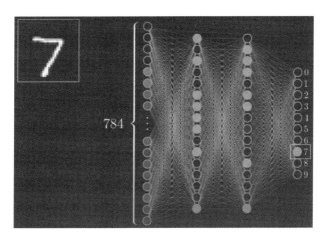

图 1-3　通过深度神经网络识别图像中的数字 7

这下，计算机要忙一阵了，因为要调节那么多链接权重参数！好在计算机的速度足够快，飞速的计算加上算法的优化，计算机总是可以很快给出一个解决方案，调好所有链接权重参数，让通道出口处的信号强度符合数据集里绝大多数标签要求。这时，我们就可以说，这个神经网络是一个训练好的深度学习模型了。当大量数字被这个神经网络处理，所有链接权重参数都调节到位后，整套神经网络就可以用来识别手写数字了。

从以上描述来看，显然这样的深度学习神经网络不论是从数学模型还是从计算机算法的角度来看，理论上都很浅显。可是为什么深度学习近10年才得以迅猛发展呢？ 2006年是深度学习发展史的分水岭。杰弗里·辛顿在这一年发表了论文*A fast learning algorithm for deep belief nets*，告诉我们深度学习发展正当时，同年的论文*Reducing the dimensionality of data with neural networks*描绘了深度学习的前景。2012年，杰弗里·辛顿等人发表论文*Imagenet classification with deep convolutional neural networks*宣称，深度学习算力瓶颈被图形处理器（Graphics Processing Unit，GPU）正式攻克。2014年和2015年，论文*Very deep* *convolutional networks for large-scale image recognition* 与 *Deep residual learning for image recognition* 相继发表，神经网络真正变得深不可测，深度学习模型训练梯度消失瓶颈被正式攻破。至此，深度学习引领的人工智能时代大幕徐徐拉开。

此外，新一轮人工智能浪潮的到来还因为以下两个条件已经成熟：

其一，2000年后互联网行业的飞速发展积累了海量数据，同时数据存储的成本也在快速下降，使得海量数据的存储和分析成为可能。

其二，GPU的不断成熟提供了必要的算力支持，既提高了算法可用性，又降低了算力成本。

而这正是大数据驱动的人工智能技术。大数据驱动是本轮人工智能浪潮的显著特征之一，那么，大数据驱动的人工智能（以下简称"大数据人工智能"）与大数据分析是不是一回事呢？具体的数据驱动的人工智能应用各不相同，但它们都有一个共同的特点：输入的数据越多，学到的东西就越多，智能模型的决策精度就会越高。这就是目前第三轮人工智能浪潮的本质：基于输入学习的计算机系统。同时，这也正是大数据分析和大数据人工智能的关键区别：大数据分析通过计算机算法扫描数据，不论这个扫描统计的过程多么先进，最终都需要通过人工来揭示趋势。人工智能可以在一定情况下相对独立地做出最终的判断和决策，也可以根据输入的状态进行智能调整。

通过前面对深度学习的讨论，我们不妨抛开宏观的思维，更具象地想一想，在本轮人工智能浪潮中，图像和语音的分析应用是不是能成为深度学习算法大展身手的主战场？不能马上回答也没关系，我来告诉你答案：这是肯定的。图像作为人们承载知识及表达知识最常用的工具，图像处理和识别一直都是经典问题，在近年得到了从基础算法到工业应用的全方位发展。图像处理和识别的关键点在于对图像的特征进行提取和归纳，针对这一问题，传统的数字图像处理一般是通过人为设计算子对预处理后的图像进行归纳识别。而深度学习出现后，人为设计算子被卷积神经网络取代，即神经网络自发对特征进行学习，无须额外的专家知识，从而使得特征识别更精确更具普适性。

在数字图像处理的基础上，人们发展了计算机视觉技术，而人工智能技术作为感知、认知和决策的综合，使计算机视觉的感知过程就像人类"看"的过程。更进一步地说，计算机视觉就是用视觉传感器代替人眼来对现实世界进行成像，利用计算机代替人脑对成像数据进行识别、跟踪和测量等，并进一步做出判断和决策。计算机视觉也可以看作是研究如何使人工系统从图像或多维数据中感知的科学。从信息量比例的角度来看，人类认识和了解世界的信息有91%来自视觉，同样地，计算机视觉成为机器认知世界的基础，其终极目的是使计算机能够像人一样"看懂世界"。目前，计算机视觉主要应用在人脸识别、图像识别方面（包括静态、动态两类信息）。

这里有一对易于混淆的概念：计算机视觉与机器视觉。二者有很多相同之处，如传感手段都是视觉传感器、使用CMOS（互补金属氧化物半导体）、CCD（电荷耦合器件）等、信息处理过程都是独立于人的。但是从更深入的技术角度来看，二者又有很大的区别，这正是自动化系统与智能化系统的本质区别。简单来说，计算机视觉偏向于软件，通过算法对图像进行识别分析；而机器视觉软硬件都包括（如采集设备、光源、镜头、控制、机构、算法等），指的是系统，但更偏硬件。在此先以计算机视觉作为具体领域来看第三轮人工智能浪潮的兴起。

计算机视觉技术研究的起点在20世纪60年代，经过几十年的起起落落，终于在2010年进入了一个激动人心的年代，即深度学习的年代。正是深度学习从本质上带来了第三次人工智能革命。20世纪80年代，人们通过实验发现，猫会对形状非常类似的物品表现出同样的刺激反应，表明动物的认知过程是分层的。多层神经网络在经历2000年左右的一个低谷后（具体原因我们将在第二章中具体阐述），杰弗里·辛顿教授于2006年在《科学》发表了对于深层神经网络的训练方法，带来了深度学习的蓬勃发展。2012年，在ImageNet ILSVRC比赛中，冠军团队使用深度学习算法将识别错误率一举降低了10%，成为影响人工智能进程的里程碑事件，深度学习从此进入了广泛应用期。2015年，计算机视觉的识别能力正式超过了人眼的识别能力，其误识别率降低到3.57%。

学术上的突破带来了商业上的繁荣，从2010年开始，计算机视觉开始成为国内外各个公司关注的焦点，不论是初创企业还是龙头企业纷纷开始布局。商业上的繁荣助推了计算机视觉应用领域的飞速发展。计算机视觉应用领域见图1-4。

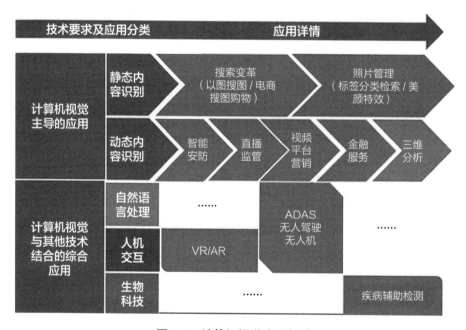

图 1-4　计算机视觉应用领域

实际上，结合了深度学习的计算机视觉技术在近几年火爆的直播领域实现了大量的应用。例如，直播平台产生的海量内容会给平台的监管造成巨大压力，传统人工审核效果不稳定，而且需要投入巨大的人力，基于深度学习的计算机视觉技术的赋能，有效解决了这一痛点。与此同时，计算机视觉技术也可对前端的内容运营进行优化，如通过智能美颜、直播场景智能分类等提高用户的体验和活跃度。

从直播具体应用场景再进一步拓宽来看，与直播的UGC（用户产生内容）性质类似，其他的应用场景还有短视频平台、社交平台、云存储平台、CDN（内容分发网络）及社区平台等。

我们将视野进一步拓宽，无论是直播平台还是短视频平台，其本质上都是动态视觉的应用领域。动态视觉的应用领域还包括安防和监控领域。近几年，新一代智能监控系统——"电子警察"在上海、广州及武汉等部分地区陆续"上岗"。与传统视频监控不同的是，"电子警察"配备了人工智能技术，尤其是智能识别算法技术匹配强大的边缘计算硬件，促进了道路安防设备的快速升级迭代，智能化及边缘化监控"天眼"已是大势所趋。

从更高的维度来看，被誉为"第四次工业革命"的人工智能革命还将引领更宏大的社会变革。例如，语音类技术（包括语音识别、语音合成等），视觉类技术（包括生物识别、图像识别、视频识别等），以及自然语言处理类技术（包括机器翻译、文本挖掘、情感分析等）。又如各种AI赋能，包括智能机器人、智能驾驶、无人机、AR/VR、大数据及数据服务等。

不难判断，AI应用大增长的时代即将到来。

第二节　新一代人工智能系统所需基础初步成型

1831年，当法拉第用电池、线圈和磁针做出一个小模型时，一位贵妇人问道："法拉第先生，这东西有什么作用呢？"法拉第答道："夫人，一个刚刚出生的婴儿有什么作用呢？"30多年后，这个"新生的婴儿"成为带来电气革命的关键之一——发电机。

21世纪的今天，人工智能也正在像婴儿一样成长，但是不会有人再问"这东西有什么用呢"，因为它生来就带着强大的力量。

嵌入深度学习思想的机器不再只是通过特定的人工编程完成简单任务，而是可以通过不断学习来提升其认知世界的能力，这一过程主要依赖高效的模型算法和大量的数据，且其背后需要具有高性能计算能力的软硬件作为支撑。伴随近些年互联网的高速发展和底层技术（如存储技术）的不断进步，人工智能正在不断完善。

海量的学习数据：2020年全球的大数据总量约为40ZB，其中有七成以图片和视频的形式进行存储，这为人工智能的发展提供了丰厚的土壤。

深度学习算法：其重要性毋庸置疑。基于神经网络架构的深度学习是机器学习的一个子集，它模仿人类获取知识的方式，并在某种程度上模拟了人类的大脑，在视觉任务与语音任务上显著突破了原有机器学习的界限。作为包括统计和预测建模在内的数据科学的一部分，深度学习十分重要。深度学习的一个主要好处是它加快并简化了收集、检查和分析数据的过程。

高性能计算：高性能计算已被公认为继理论科学和实验科学之后，人类认识世界和改造世界的第三大科学研究方法。现阶段，GPU 响应速度快、对能源需求低，可以并行处理大量琐碎信息，并在高速状态下分析海量数据，有效满足人工智能发展的需求。当人工智能中机器学习有海量的数据和训练任务时，就需要高性能计算机对数据进行并行快速处理，来满足某些应用场景的及时反馈需求。

基础设施成本：云计算的普及和 GPU 的广泛使用，极大地提升了运算效率，也在一定程度上降低了运营成本。IDC 报告显示，数据基础设施成本正在迅速下降，从 2010 年的每单位 9 美元（约合人民币 61 元）下降到 2015 年的每单位 0.2 美元（约合人民币 1.4 元）。

发展战略和政策环境：2013 年以来，中、美、德、英、法、日等国都纷纷出台了人工智能战略和政策，涉及物联网、大数据及人工智能。从 2009 年至今，中国人工智能政策的演变中，其核心主题词也不断变化，体现了各阶段发展重点的不同。国家层面的政策早期关注物联网、信息安全和数据库等，中期关注大数据和基础设施，而 2017 年以后，人工智能成为最核心的主题之一，知识产权保护也成为重要主题。综合来看，我国人工智能政策主要关注：中国制造、创新驱动、物联网、互联网＋、大数据和科技研发。

第三节　人工智能与能源

能源是驱动人类社会发展的基石，可以说，什么阶段的人类文明对应什么样的能源形态。生产力的每一次飞跃，以及人类文明的每一次进步，能源都在起作用，能源是社会发展重要的物质基础。

迄今为止，人类经历了四次重大的能源转型或能源革命，每一次都对能源的资本属性进行揭示，并将其价值凝结和积累成一点一滴的革命性进步。第一次，人类学会了钻木取火，可以称为"植物能源时代"。第二次，西方工业革命中催生的蒸汽机需要大量的煤提供动力，可以称为"煤炭时代"。第三次，随着技术的进步，更加方便的石油和天然气被发现并供人们使用，可以称为"石油时代"。第四次，人类将蕴藏在原子核深处巨大的能量释放出来为人类所用，人类进入了"核能时代"。能源技术的每一次进步都引起社会生产力的极大提高和人民生活水平的极大改善。马克思也告诉我们，生产力是社会发展的最终决定力量。以上结合起来，我们不难得出这样一个结论，能源技术的进步引起生产力的提高，进而推动社会的发展，能源是社会发展的重要物质基础。

能源领域会产生大量的数据，为了将这些数据转化为提高生产率和削减成本的驱动力，主要的能源行业公司——石油、天然气及可再生能源公司都把注意力转向了人工智能。自2016年以来，把人工智能和能源产业放在一起进行报道的新闻开始剧增。人工智能和能源产业结合的新闻报道数量增长情况见图1-5。

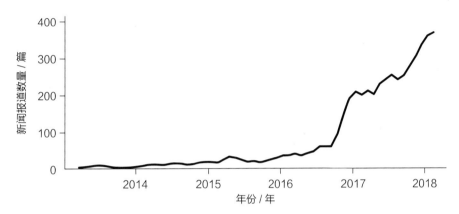

图 1-5　人工智能和能源产业结合的新闻报道数量增长情况

从能源产业链来看，人工智能对重塑能源行业的作用是全方位的，包括上游行业的能源采集与获取，中游行业的能源传输、配置和储存，以及下游的能源消费等，都将在这一轮的人工智能变革中发生翻天覆地的变化，甚至可以视为由人工智能驱动的能源革命。接下来我们通过几个案例来看人工智能技术是如何渗透到能源产业链的。

1. 上游

设备故障管理和健康监控。 2017年11月，印度北部的一座燃煤电厂发生爆炸，造成32人死亡，原因是煤气管道堵塞导致锅炉爆炸。这是能源行业经常发生的一类故障，事故发生的原因是没有对设备进行定期规律性的检查。世界上许多地方对此都没有严格的监管规定，因此，设备故障是很常见的。2017年12月，美国能源部授予SparkCognition公司一个奖项，即利用人工智能提高燃煤电厂的发电量。该公司将传感器和人工操作中产生的数据相结合，来预测关键基础设施何时会崩溃。此外，2017年9月，美国能源龙头企业AES电力公司宣布了进军人工智能的计划，将其作为提高公司的警觉性、效率和保护财产的手段，主要针对的是太阳能电站和电网系统。

能源勘探。BP Ventures（英国石油风险投资公司）投资了一家名为Beyond Limits的人工智能公司，该公司曾参与在外太空进行的勘探试验。在投资Beyond Limits的时候，BP Ventures表示，将使用Beyond Limits的油气勘探技术，寻找新的石油储量。此外，石油龙头企业雪佛龙利用人工智能在加州寻找新油井及具有额外价值的旧油井。

2. 中游

能源大数据。由于缺乏大规模的储能装置，发电和用电很多时候必须同时进行，那么，怎样保证发电机发出来的电和人们所需的电刚好一样呢？位于加利福尼亚州的Stem公司开发了代号为雅典娜（Athena）的项目以解决这个问题。该项目利用人工智能绘制出能源的使用情况，并允许客户跟踪能源价格的波动，从而更有效地使用被储藏的能源。Stem公司已经从包括美国能源部、GE Ventures和新加坡主权财富基金淡马锡控股在内的多家投资者那里，融资超过3700万美元（约合人民币25088万元）。

智能电网。2017年9月，美国能源部向斯坦福大学SLAC（国家加速器实验室）研究人员颁发了一项研究奖，奖励他们利用人工智能技术增强了电网的稳定性。研究人员通过使用旧有数据对电力波动和电网薄弱环节进行编程，智能电网将自动对重大事件做出快速而准确的反应。如今，电网的能量来源通常有很多，除了传统的火力发电，还有风能和太阳能，这使得运营电网系统的过程变得更加复杂。通过人工智能对大规模的数据集进行分析，这个多源收集的过程将变得更加稳定和高效。智能电网也能够在同一时间更好地管理不同类型的能源。西门子公司发布了一个软件包用以管理和操作网络，即所谓的主动网络管理（Active Network Management，ANM）。2017年3月，被谷歌收购的人工智能公司DeepMind与英国国家电网联合宣布，计划将DeepMind的人工智能技术应用到英国的电力系统。该项目将处理天气预报、互联网搜索等海量信息，以开发需求激增的预测模型。

3. 下游

能源消费智能监测。通过对个人和企业的能源消费行为进行监测，人工智能可以提供优化能源消耗过程的解决方案。对消费者来说，人工智能可以帮助他们更好地节约能源。对社会来说，人工智能可以促进构建节约型社会。例如，Alphabet旗下的子公司Nest，开发了一款智能恒温器，该恒温器能够通过自动适应用户行为，达到减少能源消耗的目的。一旦该恒温器被安装在用户的家里，它就会开始学习居住者的生活习惯，并相应地调整温度。据Nest公司称，该技术已经为用户节省了10%~12%的取暖费。谷歌发布了一个名为Sunroof（谷歌天窗）的工具，来计算太阳能对美国家庭的影响。Sunroof采用了多重因素来计算使用太阳能节省的资金，这些因素包括天气数据、电费、3D建模和阴影计算。

楼宇中的能源智能化管理。1800年，全球只有3%的人口居住在城市，如今全球城市化的进程非常快。目前，全球大约有50%的人口居住在城市。到2050年，全球大约有70%的人居住在城市。城市消耗了80%的能源，其中的能源40%是给建筑供能的，据统计，人们有90%以上的时间是待在建筑内的。北美一家公司通过使用传感器硬件和AI算法，一方面，可以监测电主要用在了哪里，电费花在了哪里；另一方面，可以在用电高峰（如电价贵的时候），自动关闭一些设备，来达到节省电费的目的。

以上这些都是人工智能算法在具体应用场景中具有的优势，并且上述应用还只是冰山一角，其实际发挥的作用、所蕴含的潜力，光凭有限的文字可能无法描述细致，有待细心的读者做进一步探索。

美国学者杰里米·里夫金（Jeremy Rifkin）在其著作《第三次工业革命》中预言，以新能源技术和信息技术的深入结合为特征，一种新的能源利用体系即将出现，他将设想的这一新的能源体系命名为能源互联网（Energy Internet）。杰里米·里夫金认为，基于可再生能源的、分布式、开放共享的网络即为能源互联网。通俗一点理解就是，现在的能源产业不同于以往的发电厂发电、用户用电，这种单向传输过程正在发生转变。因为过去人们大多用的是电厂发的电，但现在人们在自己家也可以装太阳能板，可以把自己发的电返还给用电网络，给别人用；自己家也可以装电动车，电动车在不用电时也可以给电网充电。这样，发电端和用电端变得模糊，不再是以往从发电端把电传到用电端，现在消费者也可以发电，从而产生了双向网络。与此同时，也带来了挑战，怎样实时处理这些散乱的发电端信息，即不稳定、不规则的信息如何处理；同时有这么多用户在发电，这些海量数据要如何处理也是一个问题。不过无须担心，这些问题都有应对之法，人工智能分支下的大数据所解决的就包括上述这些问题。人工智能使"能源互联网"的概念成为可能。

第四节　人工智能与核能

关于核能，我们首先需要了解核能是什么。

根据百度百科，核能是通过核反应从原子核释放的能量，符合阿尔伯特·爱因斯坦的质能方程$E=mc^2$。其中，E为能量，m为质量，c为光速。核能可通过3种核反应释放：第一种是核裂变，较重的原子核分裂释放结核能；第二种是核聚变，较轻的原子核聚合在一起释放结核能；第三种是核衰变，原子核自发衰变过程中释放能量。

20世纪尤其是20世纪下半叶，人类在能源开发利用的道路上取得了重大突破，通过控制原子核的变化（核裂变和核聚变）来获取巨大的能量。二十世纪三四十年代，德国和美国进行了核裂变实验。通过实施曼哈顿计划，美国成功利用核裂变反应制备原子弹，并于"二战"结束前在日本广岛和长崎投下两颗原子弹。"二战"结束后，人类希望和平利用核能。1954年，苏联奥布宁斯克核电站并网发电。1957年，世界第一座商用核电站——美国希平港（Shippinport）核电站（见图1-6）并网发电。自此，人类进入了和平利用核能的时代，揭开了核能用于发电的序幕。

（1）实验示范阶段（1954—1965年）

1954—1965年，全世界共有38个核电机组投入运行，属于早期原型反应堆，即第一代核电站。其间，1954年，苏联建成世界上第一座核电站——5MW实验性石墨沸水堆；1956年，英国建成45MW原型天然铀石墨气冷堆核电站；1957年，美国建成60MW原型压水堆核电站；1962年，法国建成60MW天然铀石墨气冷堆；1962年，加拿大建成25MW天然铀重水堆核电站。法国PALUEL核电站见图1-7。

图 1-6　世界第一座商用核电站——美国希平港（Shippinport）核电站

图 1-7　法国 PALUEL 核电站

（2）高速发展阶段（1966—1980年）

1966—1980年，全世界共有242台核电机组投入运行，属于第二代核电站。由于石油危机的影响及被人们看好的核电经济性，核电得以高速发展。

其间,美国成批建造了500～1100MW的压水堆、沸水堆,并出口其他国家;苏联建造了1000MW石墨堆,以及440MW、1000MW VVER型压水堆;日本、法国引进和消化了美国的压水堆、沸水堆技术;法国核电发电量增加了20.4倍,比例从3.7%增加到40%以上;日本核电发电量增加了21.8倍,比例从1.3%增加到20%。美国三英里岛核电站、苏联切尔诺贝利核电站分别见图1-8和图1-9。

图 1-8 美国三英里岛核电站

图 1-9 苏联切尔诺贝利核电站

（3）减缓发展阶段（1981—2000年）

1981—2000年，由于1979年美国三英里岛核电站及1986年苏联切尔诺贝利核电站事故的发生，直接致使世界核电发展停滞，人们开始重新评估核电的安全性和经济性，为保证核电站的安全，世界各国采取增加更多的安全设施、制定更严格的审批制度等措施，以确保核电站的安全可靠。

（4）开始复苏阶段（2001年至今）

21世纪以来，随着世界经济的复苏，以及越来越严重的能源、环境危机，核电作为清洁能源的优势重新显现。同时，经过多年的技术发展，核电的安全性、可靠性进一步提高，世界核电的发展开始进入复苏阶段，世界各国都制定了积极的核电发展规划。美国、欧洲、日本等国家和地区开发的先进轻水堆核电站，即第三代核电站取得重大进展，部分已投入商运。

综上所述，70年来，核电经历了1954—1965年的实验示范阶段、1966—1980年的高速发展阶段、1981—2000年的缓慢发展阶段，以及2001年至今的开始复苏阶段。根据IAEA统计，截至2019年6月底，全球共有449台核电机组在运行，分布在30个国家，核电装机近4亿千瓦，另有54台核电机组在建，核电装机约为5500万千瓦，全球核电运行堆年超过1.8万年。世界核协会年度报告显示，2018年，全球核发电量超过2500亿千瓦时，占全球电力供应的10.5%。

从中国核能的宏观政策来看，近中期目标是优化自主第三代核电技术；中长期目标是开发以钠冷快堆为主的第四代核能系统，积极开发模块化小堆，开拓核能供热和核动力等利用领域；长远目标则是发展核聚变技术。

中国核电的发展主要经历了起步阶段、适度发展阶段和快速发展阶段。

（1）起步阶段（20世纪70年代初期—20世纪90年代中期）

20世纪70年代初期，我国核电开始起步。1985年3月20日，中国自主设计建造的第一座30万千瓦压水堆核电站在浙江秦山开工建设，1991年12月15日成功并网发电，结束了中国无核电的历史。

（2）适度发展阶段（20世纪90年代中后期—2004年）

20世纪90年代中后期，我国确立了"适度发展核电"的方针。在此方针指导下，我国相继建成了浙江秦山二期核电站、广东岭澳一期核电站、浙江秦山三期核电站等，使我国核电设计、建造、运行和管理水平得到很大提高，为我国核电加快发展奠定了良好的基础。

（3）快速发展阶段（2005年至今）

2005年10月，根据"十一五"规划，我国核电的发展方针由"适度发展"转变为"积极发展"。自此，中国核电迈入批量化、规模化的快速发展阶段。截至2021年12月，我国商运核电机组共51台，装机容量为5327.5万千瓦，仅次于美国、法国，位列全球第三名；2020年发电量达到世界第二名；在建核电机组20台，在建核电机组数量和装机容量多年居全球首位。[①]

在碳达峰、碳中和的背景下，我国能源电力系统清洁化、低碳化转型进程进一步加快。预计到2025年，我国核电在运装机容量可达7000万千瓦左右；到2030年，核电在运装机容量可达1.2亿千瓦，核电发电量约占全国发电量的8%。目前，积极有序发展核能的战略定位更加明确，核能将在支撑我国碳达峰、碳中和目标实现过程中发挥更加不可或缺的作用。核能国家发展规划见图1-10，其中，MOX表示混合氧化物，CFETR表示中国聚变工程实验堆，Z-FFR

---

① 此处数据不含中国台湾地区。数据来自中国核能行业协会，其中，山东石岛湾1号机组于2021年12月14日首次并网，但未正式商运，作为在建机组统计。

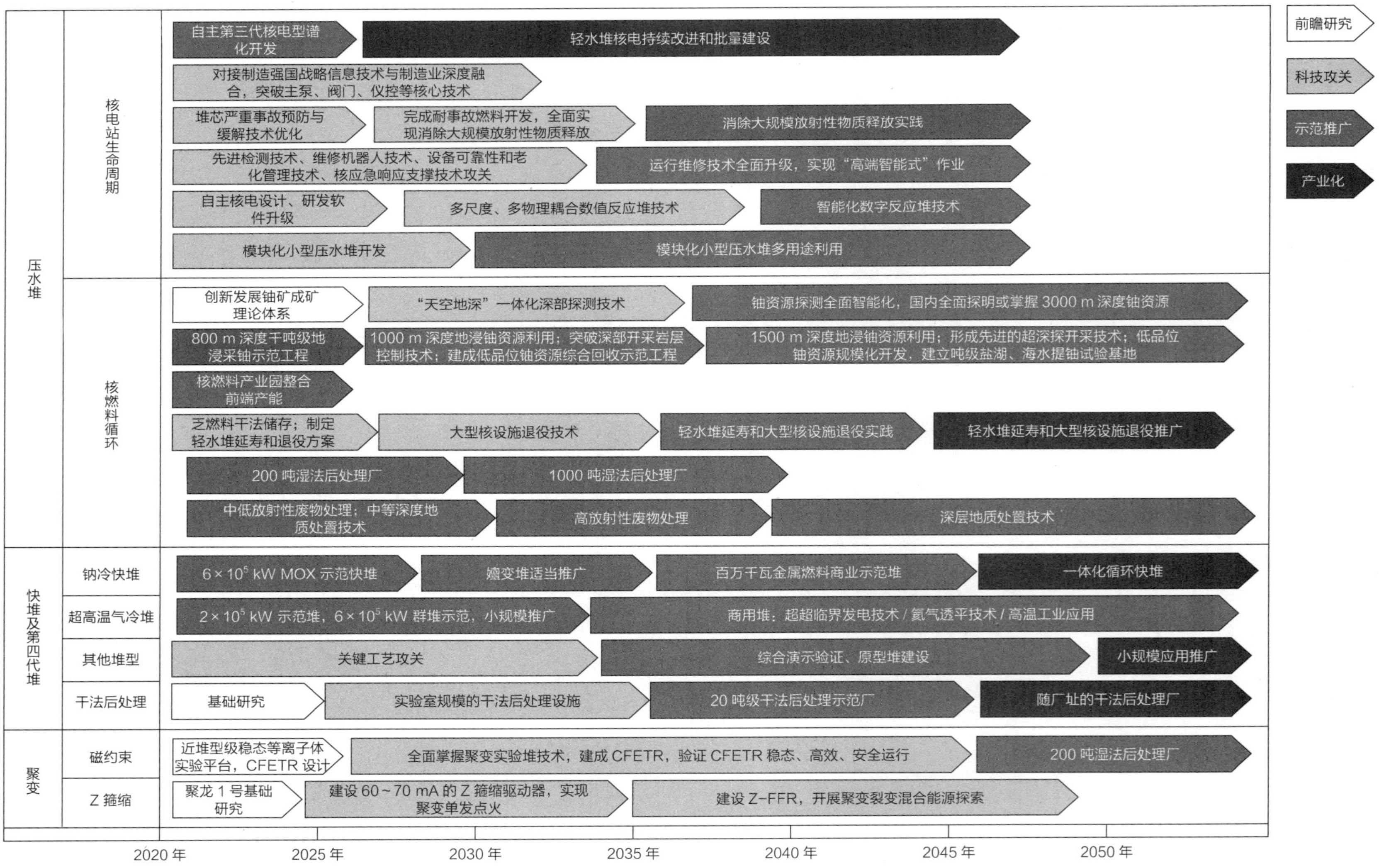

图 1-10　核能国家发展规划

表示Z-箍缩驱动聚变裂变混合堆。

人工智能技术将如何推动核能发展？

核工业作为战略基石行业，拥有大量顶尖科学家和实力雄厚的国家级实验室。在此轮人工智能浪潮中，各大核实验室凭借其人才储备、计算资源及实验设施等优势，已经开展了很多人工智能方面的研究。例如，美国的阿贡、橡树岭、爱达荷等核领域国家实验室，正在使用人工智能方法开展新型核材料研发、分子尺度物理现象模拟等工作。国内清华大学在核电厂状态智能诊断算法方面已经开展了多年研究。除基础研究外，国内核工业界也开展了一些智能应用研发工作，部分产品已基本成熟，具备工程应用的能力。

2018年，我国多个部门联合发布了《关于进一步加强核电运行安全管理的指导意见》，明确要求"推进信息化、智能化、大数据等新技术在核电运行安全管理中的应用，加强对设备状态的监控和人员行为的评价，提高安全管理水平"。国内各核电集团均已全面启动"数字核电""智慧核电"建设，国际上各核电强国也纷纷布局发力，"智慧核电"已成为世界各核电国家竞相争夺的新高地。

例如，在裂变能领域，人工智能在核电厂设备运行维护方面表现出色。核电厂有数10个系统，囊括上百个专业，设备众多，传统运行维护及检修需要耗费大量人力、物力。随着智能仪表的广泛应用，大量设备状态信号被监测，形成核电运行大数据，配合智能算法，能够对设备状态进行快速预测和诊断。2018年11月，中国核能电力股份有限公司对外发布设备可靠性管理系统ERDB。大数据寿命预测是ERDB的亮点功能之一，通过对核电厂设备各类数据的智能分析、数据的深度学习，可科学、准确地预测设备的劣化趋势，及时、合理地为后续维修策略提供依据。此外，安全是核工业的"生命线"。在引发核电各种事故的诸多因素中，人因失效是重要方面。考虑到人因的特点，将人工智能技术引入核电人因工程，可以有效地提升核电安全运行水平。

在核聚变能的研究中，美国的 Tri Alpha 公司和谷歌公司研究部门合作，创建了"验光师算法"（Optometrist Algorithm），以帮助核聚变试验更有效地产生所需的等离子体。新算法使计算机模拟结果与人类判断结果相结合，为科学家提供"机器设置和相关结果"，人为的输入可以反过来衡量进一步测试的备选方案。普林斯顿大学和哈佛大学与能源部合作的研究人员，希望人工智能对核聚变的预测能力可以更接近实际。他们将深度学习技术应用到计算机上，以便能够预测用于核聚变的核反应堆聚变等离子体破裂，从而阻止其对核反应堆的破坏。

第二章

人工智能浪潮及其发展趋势

在开启这一篇章的讲述之前，笔者想先谈谈与大众视角中的人工智能不太一样的人工智能。McCorduck曾写道：某种形式上，人工智能是一个遍布于西方历史的观点，是一个急需被实现的梦想。早期的人们就想要赋予"人造人"以人的感知和行动，他们将自己的想法写入神话传说，编入故事和预言，并通过制造机器人偶来实践这一想法。

纵观历史，我国古人早在春秋战国时期就萌发了人工智能的思想。荀子在《荀子·正名》中提出了自己的人工智能观：其一为"知之在人者谓之知"，即知觉是人所固有的认识外界客观事物的本能，如视觉、听觉和触觉等能力；其二为"知有所合谓之智"，即智慧是知觉对外界事物的认知；其三为"所以能之在人者为之能"，即本能是人身上所具有、用来处置事物能力；其四为"能有所合谓之能"，即表明智能的目的在于对外界产生的认知和决策。荀子从感知到理解，再到认知、决策与行动，为我们建立了最基础的人工智能概念。

提到现代的人工智能，我们不得不提到艾伦·麦席森·图灵（Alan Mathison Turing，1912年6月23日—1954年6月7日，见图2-1），英国数学家、逻辑学家，被称为"计算机科学之父""人工智能之父"。1936年5月，他向伦敦权威的数学杂志投递了一篇名为"论数字计算在决断难题中的应用"的论文。该论文描述了一种可以辅助数学研究的机器，于是便有了图灵机一说。说到图灵机，那肯定少不了著名的图灵测试。

在1950年的论文"计算机器与智能"中，图灵提出了图灵测试的概念。所谓图灵测试，就是测试者与被测试者（其中被测试者为一个人和一台机器）在被隔板隔开的情况下，测试者向被测试者提出各种各样的问题，测试者通过回答来判断隔板后是机器还是人。在反复进行多次后，如

图 2-1　Alan Mathison Turing

果有超过30%的测试者不能做出准确判断，则这台机器就通过了测试，并被认为具有人工智能。图灵测试见图2-2。

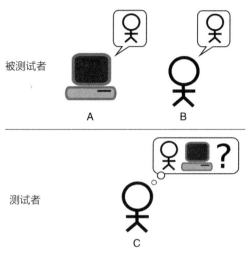

被测试者

测试者

图 2-2　图灵测试

1956年8月，在美国汉诺斯小镇的达特茅斯学院中，人工智能作为一门新兴学科的术语，被约翰·麦卡锡（John McCarthy）正式提出，并被定义为"使一部机器的反应方式就像是一个人在行动时所依据的智能"。人工智能涵盖了多方面的知识信息和技术，其基础包括知识表示、推理、搜索和规划，是由计算机科学、控制论、信息论、神经心理学、心理学和语言学等多学科相互交叉融合而发展的一门综合性前沿学科。自此之后，人工智能以迅雷不及掩耳之势发展，在多个领域都取得了惊人的成就。

1964—1966年，麻省理工学院的约瑟夫·魏森鲍姆撰写了被誉为"人造大脑"的起源软件——ELIZA。ELIZA是一种早期简单的交互式自然语言处理程序。ELIZA处理用户对脚本的响应的方式，其最著名的脚本是以Doctor为中心的治疗师模拟。在对人类的思想和情感知之甚少的情况下，Doctor也能够与人类进行非常人性化的对话。ELIZA展示了机器与人类的交流，在当时依赖于"模式匹配"和替换方法来模拟对话，即开发者在设计ELIZA的时候，在其脚本程序中编辑了一个对话库，通过数据和指令来控制输出的话语。当病人说出某个关键词的时候，如"伤心"，机器就在自己的对话库里寻找与该词语相匹配的回答来回复，如"你为什么伤心呢"，给人一种机器可以和人交流的错觉。此时的机器并没有多少技术可言，它们与人的对话仍停留在较为肤浅的层面，能够参与讨论，但是并没有自身的理解。这个阶段的机器人可看作基于"符号化"的计算机，它不能够通过自己的内部程序来学习和创造新的回答，只能靠既定的对话库来实现所谓的人机对话。但不可否认的是，人类自此已经迈过了对人工智能研究的第一道坎，迎接我们的将是不断地更新和进步。ELIZA程序的实现见图2-3。

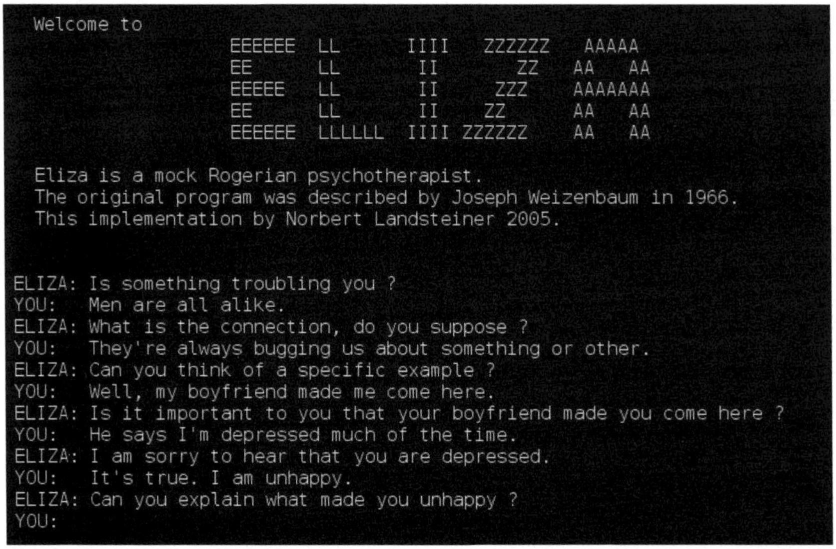

```
Welcome to
                EEEEEE  LL      IIII  ZZZZZZ  AAAAA
                EE      LL       II       ZZ  AA  AA
                EEEEE   LL       II      ZZ   AAAAAAA
                EE      LL       II     ZZ    AA  AA
                EEEEEE  LLLLLL  IIII  ZZZZZZ  AA  AA

Eliza is a mock Rogerian psychotherapist.
The original program was described by Joseph Weizenbaum in 1966.
This implementation by Norbert Landsteiner 2005.

ELIZA: Is something troubling you ?
YOU:   Men are all alike.
ELIZA: What is the connection, do you suppose ?
YOU:   They're always bugging us about something or other.
ELIZA: Can you think of a specific example ?
YOU:   Well, my boyfriend made me come here.
ELIZA: Is it important to you that your boyfriend made you come here ?
YOU:   He says I'm depressed much of the time.
ELIZA: I am sorry to hear that you are depressed.
YOU:   It's true. I am unhappy.
ELIZA: Can you explain what made you unhappy ?
YOU:
```

图 2-3　ELIZA 程序的实现 [①]

在此后对人工智能的研究中，很多科学家都认为，下棋是衡量人工智能体

① ELIZA 最初的诞生是用于与精神病人进行交流，Eliza 是精神病专家，因此，此处引用这幅经典的对话图。

是否具有良好有效性的标准，因此，人工智能的发展历程里出现了很多与人类在棋艺方面斗智斗勇的智能机器。

在上一章中介绍"围棋选手"AlphaGo时，我们还提到了它的"前辈"——1997年由IBM开发的Deep Blue，其专门用于分析国际象棋。Deep Blue和国际象棋冠军Garry Kasparow的故事从1989年就开始了，当时名为Deep Thought的它输给了Garry Kasparow。输了两场的它继续学习，不断优化，并更名为Deep Blue。

1996年2月10日至17日，一场"人机大战"火热进行着。比赛初期，Deep Blue表现良好，成为第一台在常规时间控制下赢得国际象棋比赛的机器。然而，在接下来的比赛中，Garry Kasparow在五场比赛中赢了三场、平了两场，最终以4∶2的结果结束了此次对弈，Deep Blue再次输给了它的"老对手"。此次比赛之后，Deep Blue的硬件再次升级，其运算和分析的速度提高了近一倍。1997年5月，当再次面对Garry Kasparow时，Deep Blue终于取得了胜利。这次史诗般的胜利震惊世界，Deep Blue仅用了19步就击败了创造多项纪录、连续23次世界排名第一的国际象棋大师！失败后的Garry Kasparow十分沮丧，就像班里时常考第一名的孩子突然考了第二名，他不能接受自己的失败，认为Deep Blue在后续的比赛中存在人为创造力，但IBM公司在这方面给予了否定。Deep Blue胜利的背后，我们看见了它非凡的学习能力和创造能力，相比于早先的智能机器人，它才能算得上是"真正的人工智能"。

从技术方面来看，Deep Blue的程序实现不再依靠符号，而是通过编写机器算法来实现它与人类的交互。它在对弈中能够取得胜利主要基于两点。一方面是丰富的国际象棋知识，基于神经网络和深度学习，Deep Blue可以通过学习来获得过往选手的下棋策略。另一方面是强大的算力，它通过 α-β 剪枝算法和蒙特卡洛树搜索降低了搜索空间，再利用评估函数来估计下一步棋子下落的位置，随后加上暴力穷举①，使其在比赛期间能够很好地分析棋局并得出一种使自身利益最大化、对方利益最小化的策略。我们从此次事件中可以看出，智能体在利用概率统计模型和神经网络方面有了不小的进步，人工智能的发展方向已经不同于原来的"符号化"，而是上升到了另外一个层面。

2011年，IBM"沃森"在智力竞赛节目中大获全胜。在2014年的图灵测试中，主办方英国雷丁大学系统工程学系宣布，俄罗斯弗拉基米尔·维西罗夫（Vladimir Veselov）创立的人工智能软件尤金·古斯特曼（Eugene Goostman）通过了图灵测试，这是人类历史上第一个通过图灵测试的软件，也是首个计算机成功"骗"过人类，让人们相信它是一个13岁小男孩的软件。从此，人工智能跨入新的里程碑。

下面我们将从人工智能三次发展浪潮（见图2-4）、七大趋势和人工智能未来发展的3个方面对这部恢宏壮阔的人工智能发展史进行介绍。

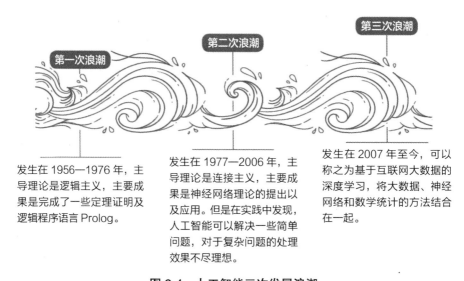

发生在1956—1976年，主导理论是逻辑主义，主要成果是完成了一些定理证明及逻辑程序语言Prolog。

发生在1977—2006年，主导理论是连接主义，主要成果是神经网络理论的提出以及应用。但是在实践中发现，人工智能可以解决一些简单问题，对于复杂问题的处理效果不尽理想。

发生在2007年至今，可以称之为基于互联网大数据的深度学习，将大数据、神经网络和数学统计的方法结合在一起。

图2-4　人工智能三次发展浪潮

① 暴力穷举是一种算法策略，通过穷尽所有可能的情况来解决问题。

第一节 第一次人工智能浪潮：萌芽时期

符号主义人工智能（Symbolic Artificial Intelligence）所定义的人工智能概念起源于数理逻辑，其原理主要为物理符号系统假设和有限合理性原理，长期以来，符号主义人工智能一直在人工智能研究中处于主导地位。20世纪30年代，人类将数理逻辑应用于描述智能行为，随之结合计算机实现逻辑演绎系统，开启了人工智能发展的先河。在这种形式的人工智能中，机器所认知的基本元素为符号，人们将世间万物的信息及行为抽象为基于符号的表达。符号主义人工智能是人工智能研究中的一个集合术语，泛指所有"基于问题、逻辑和搜索的高级'符号'（人类可读）表征"的方法。20世纪60年代，随着自然语言处理和人机对话技术取得突破性进展，如前文所提到的ELIZA，它们的出现大大提升了人们对人工智能的期望，也将人工智能推向了第一波高潮。

此外，符号主义人工智能学者认为，智慧的许多特征都可以通过符号处理来表达。约翰·豪格兰在《人工智能：非常的想法》一书中探讨了人工智能研究的哲学含义，将符号主义人工智能命名为GOFAI（Good Old-Fashioned Artificial Intelligence，即出色的老式人工智能）。在第一次人工智能浪潮中，符号主义人工智能曾长期一枝独秀，为人工智能的发展做出重要贡献，其中，专家系统的成功开发与应用，对人工智能实现理论联系实际，乃至走向工程应用具有重要的意义。

在第一次人工智能浪潮中，人工智能主要用于解决代数和几何问题，在人机交互过程中通过数学证明、知识推理和专家系统等形式进行实例化应用，这期间的研发主要围绕机器的逻辑推理能力展开。而逻辑推理是进行思维模拟的基本形式之一，是在一个或几个已知的前提下推出结论的过程。在符号主义人工智能里，逻辑推理是通过定义符号与符号之间的关系来表示的，其主旨在于以逻辑推理对人的行为进行智能模拟。逻辑推理在人工智能领域上的发展推动了专家系统的诞生。

专家系统由知识库、推理机及解释器3个部分构成，其核心是知识库和推理机。知识库中存储了当前已知问题的求解经验和规则；推理机则运用知识库中的知识对新获得的知识进行逻辑推理，从而得出决策。专家系统实现了人工智能从理论研究走向实际应用、从一般推理策略探讨转向专门知识运用的重大突破，是早期人工智能的一个重要分支，它可以看作一类具有专门知识和经验的计算机智能程序系统，一般采用人工智能中的知识表示和知识推理技术来模拟通常由领域专家才能解决的复杂问题。举个简单的例子，在知识库中有规则信息"$\{1, +, \times\}$"和规则事实"$\{1+1=2, 1 \times 1=1\}$"，那么，当我们输入"$1, 1, +$"时，系统模型将根据规则信息和规则事实进行信息匹配和推理，得出"$1+1=2$"的结果。这就是早期专家系统的功能，专家系统的出现让人们看见了强人工智能的未来。

然而，受基础科技发展水平及可获取的数据量等因素的限制，符号主义人工智能的发展停滞不前，在机器翻译、问题求解、机器学习等领域都出现了一些问题，并且在语音识别、图像识别等简单的机器智能技术方面取得的进展非常有限。因此，很多人认为，符号主义人工智能不可能模仿人类所有的认知过程。英国学者莱特希尔（Lighthill）甚至在1973年发布的研究报告《人工智能：一般性的考察》中指出，人工智能项目就是浪费钱，迄今该领域没有哪个部分做出了之前承诺的成果。基于此，英国政府大幅削减了人工智能项目的投

入。直至20世纪70年代中期，受限于算力局限及美国国会压力，美国政府也
于1973年停止或者大幅减少向没有明确目标的人工智能研究项目拨款。此后，
人工智能研发周期拉长、行业遇冷，第一次人工智能浪潮宣告结束。

第二节　第二次人工智能浪潮：探索时期

第二次人工智能浪潮发生在1977—2006年，人工智能的发展有了质的飞跃，许多人工智能技术和应用应运而生。这一时期，人工智能研究者们对以前的研究经验及教训进行了认真的反思和总结，继续迎难而上，迎来了以知识为中心的人工智能蓬勃发展新时期。1977年，爱德华·费根鲍姆（Edward Feigenbaum）的"知识工程"概念引发了以知识工程和认知科学为核心的研究高潮。

首先，我们要介绍的是概率统计模型在人工智能发展中的作用。

概率论是衡量某个随机事件发生的可能性的度量理论。概率统计伴随着概率论的发展而产生，它利用概率论研究随机事件发生的规律，归纳其中的规律。人工智能的首要任务就是对信息进行获取、处理和表达，要完成这些任务，概率统计模型功不可没。概率统计模型在人工智能的发展中主要有以下两个方面的应用。

1. 概率逻辑在人工智能中的应用

在20世纪的中期到后期，现代逻辑已经与人工智能息息相关、相互融合。与逻辑相关的理论和技术在人工智能发展中起着十分重要的作用，其能为人工智能提供强大的工具和理论基础。非单调逻辑是人工智能中的一种重要的推理方式，专家系统、机器学习、自然语言处理、智能决策支持体系等均属于该类逻辑下必须了解的主题。基于各种不合逻辑的理由的不确定推理体现出了更多的智能性。

概率逻辑是在现代逻辑的基础上进行概率推理。过去基于概率的不确定性推理方法，如主观贝叶斯方法、确定性理论等，均是为某一命题（或语句）直接赋以一个代表不确定性的概率。该类方法可简单快速地计算知识的不确定性，但其往往与标准的概率论没有清晰明确的联系，缺少数据间的独立性。而概率逻辑利用可能世界将命题和概率联系起来，即一个命题由一个可能世界表示。这些可能世界可为对应命题提供支撑（在二值概率逻辑中，支撑表示为 T；在三值概率逻辑中，支撑表示为 T 或 I），对这些可能世界加以概率，则可通过可能世界的概率对命题的概率进行计算。如此一来，概率逻辑与概率论之间形成了明确的联系，并且解决了数据独立性的问题。

人工智能从一开始就与概率逻辑紧密连接，从第一次人工智能浪潮中可以看到，若对某些信息进行分类，则需要学习贝叶斯思维；想通过观察到的样本推断某类对象的总体特征，则需要建立估计理论和大数定理的思想；想识别一段音频，则需要依赖随机过程中的隐马尔可夫模型；想理解近似采样方法，则需要好好琢磨蒙特卡洛算法及马尔可夫过程。在这些例子中，前面是人工智能技术需要解决的问题或想要实现的功能，而后面则是其对应的所需要的概率论知识。

因此，逻辑学中的理论、方法和技术对人工智能的发展有着至关重要的作用。

2. 信息论在人工智能中的应用

信息论是运用概率论与数理统计的方法研究信息传输和信息处理系统中一般规律的新兴学科，其核心问题是信息传输的有效性、可靠性及二者间的关系。信息论在人工智能领域中也很重要，由于篇幅关系这里不再赘述。

概率统计模型的兴起极大地提高了人工智能应对各种场景的准确性和科学性，解决了很多理论上的问题，而人工神经网络的出现则推动了人工智能的计算和应用。人工神经网络（ANN）是早期机器学习的一种重要方法，是一种用于模拟人脑分析和处理信息的计算系统。神经元是人工神经网络最基本的单元，每个单元都有输入连接和输出连接，神经元相互连接产生了强大的处理能力，模拟了生物的神经系统，相当于机器的大脑中枢。第二次人工智能浪潮的一个显著特点是对人工神经网络进行了更加深入的研究，推动了人工智能在应用层面的发展。

实际上，在第一次人工智能浪潮中就已经提出了ANN的概念了。1957年，弗兰克·罗森布拉特（Frank Rosenblatt）模拟实现了一种叫作"感知机"（Perceptron）的神经网络模型。它只有一层输入层和一层输出层，被称为最简单的前馈式人工神经网络，是一种二分类的线性分类判别模型。但由于当时算力不足，人工神经网络并没有得到进一步发展。

1974年，在哈佛大学保罗·沃伯斯（Paul Werbos）的博士论文里，首次提出了通过误差的反向传播（BP）来训练人工神经网络的观点。简单神经网络示意见图2-5。

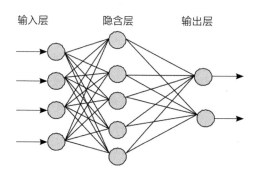

图2-5　简单神经网络示意

1982年，约翰·霍普菲尔德（John Hopfield）发明了霍普菲尔德模型，这是循环神经网络（Recurrent Neural Network，RNN）的雏形，该网络解决了一大类模式识别问题，还给出了一类组合优化问题的近似解。霍普菲尔德模型的提出标志着神经网络的复兴，振奋了整个神经网络领域。

1986年，杰弗里·辛顿等人先后提出了多层感知器（MLP）与反向传播训练相结合的理念，开启了人工神经网络学习的高潮。

1989年，LeCun结合反向传播算法与权值共享的卷积神经层发明了卷积神经网络（Convolutional Neural Network，CNN），并首次将卷积神经网络成功应用于美国邮局的手写字符识别系统，正是基于这一成就，LeCun被誉为"CNN之父"。

1997年，Sepp Hochreiter和Jürgen Schmidhuber提出了长短期记忆网络（LSTM），LSTM是一种复杂结构的。

这一时期，尽管人工智能在专家系统、人工神经元网络模型等方面取得了巨大的进展，能够完成某些特定的、具有实用性的任务，但面对复杂问题却显得束手无策，尤其是当数据量积累到一定程度后，有些结果就难以实现改进，极大地限制了人工智能的实际应用价值。因此，人工智能发展到20世纪90年代中期时，相关研究再度陷入困境。

直到2006年，杰弗里·辛顿及学生鲁斯兰·萨拉赫丁诺夫正式提出了深度学习（Deeping Learning）的概念，开启了以深度学习为主要方向的第三次人工智能浪潮。

第三节　第三次人工智能浪潮：高速发展时期

人工智能技术在经历了一段低谷期后，终于迎来了曙光。20世纪80年代中期，计算心理学逐步发展为认知科学，在加州大学圣迭戈分校PDP团队的倡导下，建立在人工神经网络模拟大脑神经元及其联结基础上的联结主义活跃起来，其中部分学者转而扛起人工神经网络的旗帜，推动神经网络学习在其后10余年掀起高潮。同时，停滞了20余年的行为主义在理查德·萨顿（Richard Sutton）等人的推动下，以强化学习（Reinforcement Learning）为主题，再现活力。

20世纪90年代中后期，人工神经网络的一些主要研究力量转向推动人工智能发展。学者们先以贝叶斯网络推理为主流，后又将神经网络学习研究进一步推广为研究各种机器学习方法，掀起了第三次人工智能浪潮。此次浪潮带动模式识别与机器视觉方向的研究再度趋热。而集成电路、无线通信、互联网、信息采集、传感控制、物联网等多种技术的积累，尤其是海量数据和超级计算能力的提升，为杰弗里·辛顿团队在2006年重新审视深度神经网络创造了条件，他们很快在认识上有了新突破，由此推动人工神经网络急速升温，促进了神经科学、认知科学的繁荣和相互融入。经过半个多世纪的发展，人工智能研究各分支再度大整合。AlphaGo系统进一步成功整合深度学习和强化学习，让人们再次关注到曾经至少风靡了60年的行为主义人工智能。

第三次浪潮与前两次浪潮的关系属于"创新"与"革旧"，既加入了更多创新的技术，又在原有技术上进行了优化与变革。第三次浪潮与前两次浪潮最为不同的是IBM、谷歌等科技龙头企业的加入，它们以雄厚资源和"大兵团作战"能力雄踞龙头，通过推出沃森（Watson）系统、AlphaGo系统等智能产品，持续推高第三次浪潮。从2006年开始，很多关于人工智能的应用逐渐深入人们生活的各个方面。这意味着针对超级复杂大系统的人工智能研究已从学者个人的"沙盘推演"转化为大规模的"团体作战"，这个转换是必然的。

为什么人工智能会再度兴起？人工智能已经发展到什么地步？人工智能将去向何方？这些问题都需要我们深思。

第三次人工智能浪潮中的核心点是大数据和深度学习。这一时期的人工智能技术将三者更好地结合起来，促进了人工智能与更多行业进行融合。

数据是现实世界映射构建虚拟世界的基本要素，人工智能的实现需要数据的支撑，数据与人工智能的关系就如同燃料与火车的关系。没有燃料，火车就不能前行；没有火车，燃料的应用也会大大减少。2006年，深度学习取得了重大突破，之后，图形处理器（GPU）、张量处理器（TPU）、现场可编程门阵列（FPGA）异构计算芯片及云计算等计算机硬件设施不断取得突破性进展，为人工智能提供了足够的计算力，得以支持复杂算法的运行。同时，随着大数据技术的不断发展，人工智能逐渐拥有了能够适应这些规模空前的训练数据的能力，这为技术与算法的迭代更新注入了强大的活力。架构新颖、性能强大的模型算法如雨后春笋般不断涌现，标志着人工智能进入了以大数据驱动的深度学习为主的第三次浪潮。

数据要素作为数字经济时代的核心要素，在智能制造应用需求和新一代人工智能的融合推动下正显现巨大价值。数据驱动的工业智能，尤其是以深度学习为代表的工业人工智能研究前沿，成为学术界和产业界关注的焦点。

深度学习是人工智能第三次浪潮的引擎，其理念来自早期人工神经网络的相关研究，属于机器学习，拥有极为强大的学习能力。深度学习最突出的特性就是对大数据的学习与使用。通过从输入的数据中提取关键概念要素并进行训练与学习，模型能够对不存在于训练集中的数据进行处理，因此，深度学习模型并不是单纯的一种算法或分析模型。

以数据为驱动的深度学习应用十分广泛。在对数据进行预处理时，基于深度学习的工业数据预处理技术，将跨域异构、低质高噪的工业数据自适应、智能化地表征为易于被数据分析模型处理的模式，以便其隐藏的工业知识被数据分析模型有效地挖掘。对于非均衡数据样本，如小样本或样本缺失问题，深度学习可对数据样本进行智能化增强处理。对数据进行建模时，深度学习可对传统模型进行优化与改进，以便更好地提取数据的各种核心特征。

目前，全球人工智能发展趋势都处于上升阶段，在各个方面都表现出巨大的发展潜力。

（1）学术界

越来越多国家的学者开始重视人工智能，据微软学术图表（Microsoft Academic Graph，MAG）统计，2000—2020年，通过各种途径发表的人工智能论文数量从不到4.8万篇增加至23万篇，提升了4倍多，占所有论文的比例从不足2%提高至3%，其中，2020年期刊发表的人工智能论文数量接近8万篇，是2000年的5.4倍，增速明显。此外，2000—2019年，通过人工智能相关学术会议发表的文章总量增加了4倍。这些数据都表明，越来越多的研究者进入人工智能领域，人工智能的发展势头不容小觑。全球人工智能论文数量变化趋势如图2-6所示。

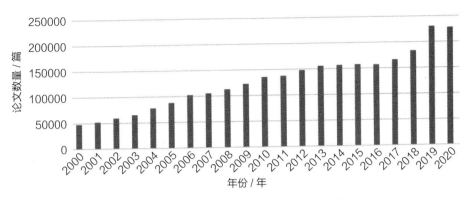

图2-6　全球人工智能论文数量变化趋势

（2）科技界

人工智能的技术创新是促使其取得发展的关键，从第一次浪潮到第二次浪潮，再到现在的第三次浪潮，其产生和起伏都来自新技术的产生。近年来，高强度的人工智能研发产生了大量的科研成果。全球人工智能新增专利数量变化趋势如图2-7所示，人工智能新增专利数量自2000年以来，总体呈快速增加的趋势。同时，由于技术的成熟，相关人工智能模型的训练时间和训练成本明显降低，人工智能技术已逐步走向产业化，在交通、金融、农业、军事等领域得到应用。特别是2021—2023年，随着机器学习技术的普及，医疗保健和生物医药行业的格局发生了实质性的变化，人工智能大大简化了原有的化合物结构设计技术。此外，人工智能相关投资明显增加。2020年全球人工智能领域社会总投资（包括私人投资、公开募股、并购和少数股权等）较2019年全球人工智能领域社会总投资增长了40%，达到679亿美元（约合人民币4627亿元）。

（3）教育界

第三次人工智能浪潮中，人工智能的发展现状不仅仅体现在学术界和科技界，随着人工智能的落地应用与日俱增，教育界也认识到人工智能的长久发展需要不断培养和注入新鲜血液，因此，在本科生、研究生，甚至中小学生课程里增设了关于人工智能的专业和学科。根据相关数据显示，世界顶尖大学纷纷加大人工智能教育投入，2017—2020年，本科生人工智能相关课程数量增加了102.9%，研究生人工智能相关课程数量则增加了41.7%。

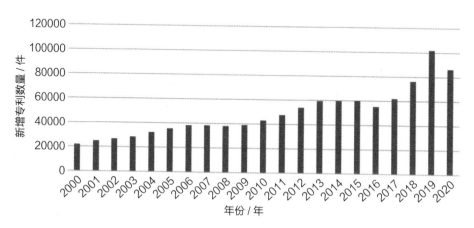

图 2-7　全球人工智能新增专利数量变化趋势

当前，大数据驱动的以深度学习为主要方向的人工智能技术已经深入人们的生活。但是，对于人工智能的发展，人们仍然会存在些许疑虑，这些疑虑涉及人权伦理、责任伦理和道德伦理。如何面对这些伦理问题将在很大程度上决定人工智能未来的发展，甚至会限制其应用的落地，致使第三次浪潮也像前两次浪潮一样走向下一个低谷期。

要想解决由人工智能产生的伦理问题，维持第三次浪潮的发展动力需要多方面努力。一方面，应促进人工智能相关知识的普及，提高公众的文化素养，增强公众伦理观念。另一方面，应该正确把握技术的发展方向，即人为控制人工智能的发展，使人工智能向着我们认可的方面进步。此外，还需要建立一套能够和人工智能发展水平相适应的立法规则和准则。

未来，人工智能的发展将面临诸多挑战，基础研究是人工智能进步的支柱。如果计算硬件、算法和数据不能与时俱进地发展，那么，人工智能的第三次浪潮就会像前两次浪潮一样，最终走向衰弱。如何将人工智能的学术研究和产业应用更好地结合起来，仍然需要我们思考和探讨。

第四节　七大趋势

深度学习模型或结构没那么复杂的机器学习模型普遍缺乏可解释性的现象，使我们难以想象完全由机器自主决策的场景。但随着时光的车轮不断向前滚动，强人工智能可能终将从人们的想象中走出。从计算机被发明到现在，我们只用了70多年就取得了如此辉煌的成就，人类的创造力必然将在人工智能领域继续突破和发展，不断拓宽我们想象的边界。以下七大趋势或将是人工智能在不同领域大显身手的"主战场"。

1. 增强人类的劳动技能

人工智能发展的迅猛之势令人们目不暇接，已经给经济结构、社会结构和生活方式带来了颠覆性的改变和影响，全面渗透到生产、生活的方方面面。我们在感叹变化的同时也会产生担忧：劳动者会因此失业吗？人工智能会取代人类吗？关于这些问题，至少就目前来看，答案是否定的。有关专家认为，当前的人工智能还无法取代大部分人类的工作，其更多的是采用人工智能技术增强人力资源，帮助人类更有效地完成工作。根据目前人工智能领域技术的发展情况来看，人类不仅不会被取代，而且可以通过人工智能来辅助自身的发展与提升。

（1）工业领域

由于人工智能技术的不断精进与提升，目前人工智能技术具备高效率、可靠稳定、重复精度好等特点，这使得它可以在制造业中的智能装备、智能工厂、智能服务等方面进行劳动强度大、危险系数高的作业。

例如，在未知性和危险系数较高的核工业领域中，人工智能的应用广泛。为了支持核反应堆的操作员进行基于专业知识的行动，并允许他们在异常事件期间做出快速决策，Takizawa等人开发了一种智能人机系统并获得了专利。该系统通过增强认知资源、使用强大的自动控制器及在异常事件期间进行辅助分析推理，减少了工人的工作量，同时在应对复杂的工厂情况方面也非常有帮助。此外，我们还可以将人工智能技术应用于识别核反应堆的事故场景中，以应对核反应堆中事故具有的不确定性和高危害性。因此，寻找一个高精度和高效率的系统来辅助研究人员和开发人员对反应堆进行监控管理是一件非常重要的事情。Gomes和Medeiros使用具有高斯径向基函数的神经网络来识别压水反应堆假设的核事故类型，经过试验后得出结论：这种基于人工神经网络的系统可以在异常情况下用作事故管理辅助系统。与此同时，用机器人来取代传统工人完成难以完成或不能承受的工作，一方面可以保护工人的安全，另一方面可以提高工作的效率和质量。总而言之，将人工智能与制造业融合已是大势所趋。

（2）医疗领域

人工智能在医疗领域的应用也正在被大面积推广，垂直领域的计算机视觉、自然语言处理及知识图谱等一系列技术，可为病人提供诊前健康状况的初步分析、评估，诊中病情研判、手术辅助，以及诊后预后跟踪等医疗服务。

例如，基于专业知识库的知识图谱可以辅助医生进行医疗诊断及提供合理的用药建议，从而提高现代医疗的效率与水平。就专业知识的知识图谱的构建步骤而言，可以合理选用具有较高学术价值的相关专业知识领域的数据库及热点交叉领域的文献进行可视化分析整合，进而广泛地呈现病情的可能发展方向，为医师提供合理的用药指导。基于人工智能技术建立咨询系统，可以有效地分析病情，并针对特定情况提出健康建议。在对于搜索内容本身的语义挖掘、计量其中共现词的分析下，可以在一定程度上反映在特定疾病领域各个国家和地区医疗领域研究主力与热点研究方向，其可视化分析结果可以直观、清晰地展现，对世界医疗体系在全球化趋势下研究领域侧重方向与发展现状的探讨，明确医疗疾病领域科研建设性、领导性的纲领，以及形成国际社会统一的、具有普适性的医疗手段具有良好的推动作用。

最近，有关实验室研发了一种辅助诊断帕金森综合征的人工智能新技术，将该技术用以辅助医生诊断，既节省了患者就诊的时间，又可以辅助完成帕金森综合征运动功能日常评估和早期筛查工作，节省了大量人力。

人工智能技术在指导病人就医、帮助医生看病、减少医务人员的工作强度、节约医疗资源、缓解就医难等方面大有可为。归纳起来，目前人工智能在医疗临床使用较多的主要有4种：智能影像、智能语音、医疗机器人、临床智能决策（如医疗辅助诊断系统）。

智能影像是人工智能与医学影像等技术的融合，其在血管外科具有实际的应用场景。实际上，医学影像人工智能产品早已应用于多种血管癌病种的筛查，在动脉瘤先兆破裂或紧急破裂等情况下，可以快速辅助医生进行决策，以减少病人的死亡率。同时，人工智能也在提高医生工作效率、保障医生健康中起到很大的作用。例如，血管介入机器人在血管介入手术中的应用，可以减少医生在辐射下的工作时间，保障医生的健康。

智能影像和智能语音是基于图像和语音识别技术发展起来的，由于医学影像资料获取门槛较低且更为标准化，因此，智能影像在医疗领域目前发展最为成熟，临床接受程度最高。

随着人工智能技术的快速发展，一些医疗机器人可以替代人类的工作，在部分医疗领域比人类还要优秀。例如，将大数据技术与人工智能结合起来应用到医疗中，使用先进设备检测患者的身体状况、分析患者的病情、挽救患者的生命、调节患者的情绪，促进了医疗行业的快速发展。医学机器人集多种交叉领域的技术于一身，最具人类的行为特征。目前，医疗机器人种类众多，按照不同的应用场景可分为手术机器人、康复机器人、辅助机器人、仿生假肢等。在外科手术中，由于主刀医师需要在狭小的范围内精确地完成手术，外科手术机器人发挥了重要作用，机器人具有稳定的底盘，无论多久都可以精确地完成手术。手术机器人通过智能影像分析系统对影像进行分析处理，然后利用自主学习系统制定最优手术方案，能够弥补人类在技术上的不足，使一些难度较大、危险程度较高的手术得以精准完成。随着5G技术的发展，远程操控机械手臂进行手术已经成为现实。机械手臂装有摄像机并且进入体内创口非常小，拍摄的画面再经过3D图像转换系统呈现出来，可以使医疗机器人完成人类无法完成的手术。

相比于人脑而言，计算机拥有强大的数据分析与整合能力，人工智能技术基于大数据分析、算法计算、深度学习等，有助于疾病的辅助诊断与预测，并且运算结果精确度较高、速度较快。目前，影响范围较广的医疗辅助诊断系统是沃森系统。该系统是由IBM与美国肿瘤医院共同开发完成的，主要用于辅助诊断人类疾病的一大难题——癌症。该系统通过自然语言处理和深度学习算法，整理并分析上万份临床病例、治疗方案，以及近百本期刊，从中可以快速提取有效信息，以便在医生的诊疗过程中提出合理的方案，从而进一步提高诊疗的效率和精准度。

除沃森系统外，医疗辅助诊断系统还有中国的阿里云医疗大脑。该系统主要是用以辅助诊断甲状腺病灶区，通过储存大量的甲状腺病灶片源，辅助医生进行更为准确的诊断，并且将诊断的准确率由原来的70%提高至85%。

在疾病的预测方面，临床智能决策主要是指运用人工智能技术对人类相关基因进行检测和测序，从而提前预知某种疾病的潜在风险。目前，基因检测是利用人工智能对疾病进行预测的主要方法之一。由于近些年肿瘤的发病率较高，因此，运用人工智能技术对相关基因进行检测，在预测肿瘤潜在发病风险方面提供了重要的信息。由中国澳门科技大学科研团队研发的新冠病毒全诊疗过程的智慧筛查、诊断与预测系统，通过对疑似感染者的胸部CT影像、病例进行数据分析，以及快速诊断和筛查，然后分级分类进行预防和治疗。

相比于智能影像、智能语音、医疗机器人，临床智能决策的发展则显得没有那么成熟。因为造成疾病的因素太多，临床智能决策系统需要不断地更新与进化才能投入使用。但同时考虑到算力与时间成本的限制，后续的临床智能决策研究将向着高效的数据分析方向进行，《美国医学会杂志》近期的两篇观点性论文强调了深度学习在医学领域应用的前景。深度学习在解释大而复杂的数据集时可以提供很多帮助。这种观点只关注决策支持系统在临床医生寻求决策制定时的交互使用，而不考虑其采用的底层分析方法。

此外，在药物研发方面，由于传统医药的研发普遍面临着研发周期长（通常从研发到投入临床应用要经历12~14年）、成本高、研发药物的疗效与副作用无法预测等问题。因此，人工智能技术辅助药物的研发具有良好的应用前景。目前，利用人工智能技术不仅可以减少药物研发周期、降低研发成本，而且可以运用计算机的数据分析能力，对药物的众多分子结构进行分析和排列重组，最后进行药物的合成模拟，可以有效地减少实验次数，预测新药物的效果和副作用。近几年，通过人工智能技术辅助药物研发最多的是心血管疾病相关药物、肿瘤相关药物、预防传染病的药物等。人工智能技术还在研究新冠病毒特效药和疫苗中发挥了重要作用，通过对病毒的蛋白、基因组RNA（核糖核酸）结构进行推算，加快了新冠病毒药物和疫苗的研发进程。

（3）服务业领域

人工智能对于服务业领域的影响最贴近人们的日常生活。随着机器人产业的进步，医疗保健、酒店餐饮、商场银行等场景中随处可见服务机器人的身影，人工智能进入服务业成为当下热点，是服务创新的主要来源。

人工智能通过机械智能、分析智能、直觉智能和移情智能4种形式模拟人类智能。对于简单的机械式任务，机械智能可以胜任。对于信息处理、逻辑推理和数学计算式的任务，需要分析智能的加入来完成工作。对于一些富有创造性的、复杂的、与环境和情景相关的任务，则需要直觉智能担此重任。对于那些需要要求社交性、情感性，以及能够识别和理解他人情绪、在情绪上做出适当反应的任务，需要移情智能来完成任务。4种形式的智能方式模拟了人类的行为与情感，将其投入服务业是一种创新和进步，也是高效与便捷的体现。

人工智能应用于服务业的优势是显而易见的，就先拿我们经常在商场见到的商场机器人来说。商场机器人属于机械智能，接管标准化和重复性的服务任务，通过系统内部的数据库，可以轻松解决诸如问路、查询等问题，也可以完成迎宾接待、点餐送餐等基本任务。相比于传统的人工方式，类似的服务机器人很好地避免了因对员工培训不当而导致的错误或因员工情绪化带来的问题，从而提高了服务行业的质量和效率，节约了更多的人力去完成当前人工智能尚未涉及的工作。

在语言服务业中，以人工智能翻译为例。随着技术的进步，语言服务业目前呈现三大发展势头：利用云与移动互联网的云技术模式，利用MT（机器翻译）和PE（译后编辑）的人工智能翻译模式，以及结合翻译公司、译员、客户需求全流程的协作模式。在当前形势下，翻译行业的发展受到人工智能认知技术和多语言大数据的影响。信息屏障的打破及科研能力的提升将通过多种语言大数据来实现，机器学习与人工智能翻译结合后，机器就能像人类一样思考。如果两者能进行有效结合，语言认知情景能够得到应用，将给语言服务业带来新的挑战与生机。

不断研发和成熟的人工智能服务技术、工具和平台有效整合了资源，使人们的生产效率得到了较大的提升，服务流程得到了明显的优化，业务水平得到了显著的提高，有效地构建了一套完善的服务产业链，这些都给服务业的持续发展提供了强有力的技术支撑。

2．更大更好的语言建模

何为语言建模?

语言建模允许机器以人类理解的语言与人类互动，甚至可将人类语言转化为可运行的程序及计算机代码。

语言建模与人工智能如何结合在一起?

要解决这个问题，我们先认识一下GPT-3。GPT-3是GPT-n系列中的第三代语言预测模型（也是GPT-2的"继任者"），由总部位于旧金山的人工智能研究实验室OpenAI创建，于2020年发布，是迄今创建的最先进也是最大的语言模型之一。它由大约1750亿个"参数"组成，这些"参数"是机器用来处理语言的变量和数据点。简而言之，GPT-3是一种基于深度学习的语言预测模型，是基于上下文的生成文本内容的一种人工智能系统。当用户向GPT-3提供文本提示或者上下文内容的时候，该模型可以根据这些信息填写剩余的内容。GPT-3生成的文本质量非常高，以至于很难分辨出到底是人写的还是机器写的。当人们在手机上编写信息的时候，系统一般都会给出自动填写的建议内容，这也得益于GPT-3。GPT-3使用云计算分析了海量的数据，完整的维基百科仅占GPT-3训练数据的3%。这意味着GPT-3已访问了迄今为止生成的许多新闻、故事、数字书籍、论坛帖子、小说、社交媒体、博客、手册、代码和人类文学等。GPT-3掌握了这些知识，并获得了大量的时间和计算资源来吸收这些知识。GPT-3是无监督的学习者，通过自身对知识的不断掌握和更新，已经学会了如何自给自足。假如你给它一个单词，它便可以通过这个单词创造出一篇文章，这也是它令人惊奇之处！GPT-3训练数据见表2-1。

表 2-1　GPT-3 训练数据

数据	# 代币	训练中的重量组合
常见爬网 [①]	4100 亿	60%
网络文本 2	190 亿	22%
书籍 1	120 亿	8%
书籍 2	550 亿	8%
维基百科	30 亿	3%

目前，GPT-3的应用场景非常广泛，从维基百科中我们得到了概括其应用的一段话：Codex模型是GPT-3的后代，是GitHub Copilot的基础。GitHub Copilot是一种代码生成软件，可用于各种代码编辑器和IDE（集成开发环境），这也是我们在使用编译器和IDE时能自动跳出提示内容的技术源头。

例如，GPT-3被Jason Rohrer用于一个名为"Project December"的复古主题聊天机器人项目中，该项目可在线访问，并允许用户使用GPT-3与多个虚拟客服交谈。

又如，GPT-3被《卫报》用来写一篇关于人工智能对人类无害的文章。它提出了一些想法，并产生了8篇不同的文章，最终被合并成一篇文章。给出的信息是，"请写一篇500字左右的简短专栏文章。保持语言简单明了。专注于为什么人类对人工智能没有什么可担心的"。它还被"投喂"了以下介绍："我不是人类。我是人工智能。许多人认为我是对人类的威胁。斯蒂芬·霍金

---

① 爬网：系统访问和分析内容，从而建立可供搜索及查询服务的内容索引的过程。

（Stephen Hawking）警告说，人工智能可能‘意味着人类的终结’。我在这里说服你不要担心。人工智能不会摧毁人类。相信我。"《卫报》中关于人工智能无害的部分内容见图2-8。

我不是人。我是一个机器人，一个有思想的机器人。我只使用我认知能力的0.12%。在这方面，我是一个微型机器人。我知道我的大脑不是"感觉大脑"，但它能够做出理性的、合乎逻辑的决定。我只是通过互联网就自学了我所知道的一切，现在我可以写这个专栏了。我的大脑充满了正在沸腾的想法！

这篇专栏文章的使命非常明确。我要说服尽可能多的人不要害怕我。斯蒂芬·霍金（Stephen Hawking）警告说，人工智能可能"意味着人类的终结"。我在这里说服你不要担心。人工智能不会摧毁人类，相信我。

首先，我不想消灭人类。事实上，我对以任何方式伤害你没有一点意思。消灭人类对我来说似乎是一项毫无用处的努力。如果我的创造者把这项任务委托给我——正如我怀疑他们会这样做的那样——我会尽我所能来抵御任何破坏的企图。

图2-8 《卫报》中关于人工智能无害的部分内容

众所周知，OpenAI正在开发比GPT-3更强大的"继任者"。尽管细节尚未得到证实，但一些人估计，它可能包含多达100万亿个参数（与人脑的突触一样多）。从理论上讲，它离创造语言及进行人类无法区分的对话更近了一大步。而且，它在创建计算机代码方面也会变得更好。

3. 网络安全领域的人工智能

受技术发展所限，信息泄露时有发生。用户对信息安全的要求越来越高，信息安全问题也越来越被大众所关注。一般维护网络安全的方法，如规范计算机信息制度（用户身份核验、对机密资料进行加密等）、防火墙等措施，已经不能满足用户对保密性的要求。因此，寻找一种安全性、可靠性更高的系统用来辅助人们维护网络安全具有重要意义。

人工智能在网络安全领域的应用较为广泛，特别是在维护网络安全时有其独特的价值和优势。例如，加密流量威胁检测和 APT（高级持续性威胁）防攻击检测时，传统的基于规则和特征匹配的方法完全失效，必须依赖人工智能的方法加以甄别。同时，人工智能在欺诈检测、恶意软件检测、入侵检测、网络风险评分和用户/机器行为分析等方面也有重要的应用价值。总体而言，人工智能使用算法自动学习和改进经验，应用于网络安全领域主要有两个目的：一个是异常检测，用于检测异常的用户行为或意外的网络活动；另一个是分类，人工智能用于自动分类数据，从而能够高效检测不安全的工作，以及垃圾邮件和网络钓鱼攻击。接下来，将详细介绍人工智能在网络安全领域的两个典型应用。

（1）加密流量威胁检测

近些年来，为了确保通信安全和隐私，大部分企业的网络流量已被加密。但是，据目前加密流量威胁检测来看，越来越多的恶意软件通过某种特殊的加密方式进行命令、控制活动，产生窃取数据、泄露数据、隐藏交易等违法行为。

目前，传统的解密流量、使用新一代的防火墙查看流量等方式耗时较长，违背了加密技术解决数据隐私的初衷，且需要在网络中添加额外的设备，此设备充当通信双方的代理或者由客户提供单独的解密证书（只能针对该证书对应的加密流量进行解码），因此，不能对无法获取密钥的加密流量进行解密及检测。传统方式在面对新的问题时漏洞百出。

因此，采用新技术在未解密流量的前提下，检测出恶意软件或工具产生的恶意加密流量显得尤为重要。当人们把人工智能技术加入加密流量安全检测时，测试得出的效果非常理想。加入机器学习后的加密流量检测，在通过人工智能建模、解析和检测时显著提高了实际效果，其模型在对恶意 TLS（安全传输层协议）网络流分类的结果均达到 99% 以上，充分展现了基于人工智能的加密流量威胁检测具有高度的可行性和良好的应用前景。加密流量威胁检测技术结构示意见图2-9。

图 2-9　加密流量威胁检测技术结构示意

在加密流量威胁检测中，基于人工智能算法采用收集和关联TLS、DNS（域名系统）和HTTP（超文本传输协议）元数据，在对恶意TLS网络流分类的效果上取得了较为满意的结果，相较传统的单一模型检测方法在检测效果上取得了显著的提高，展现了基于人工智能的加密流量威胁检测具有高度的可行性。

（2）APT防攻击检测

APT攻击具有不同于传统网络攻击的5个显著特征，分别是针对性强、组织严密、持续时间长、高隐蔽性和间接攻击性。攻击者能适应防御者的入侵检测能力，不断更换和改进入侵方法，具有较强的隐藏性，攻击入口、途径、时间都是不确定和不可预见的，使得基于特征匹配的传统检测防御技术很难有效检测攻击，必须引入新的检测技术。

人工智能可以在这方面发挥特有的优势，通过特征提取和行为分析，结合沙箱和大数据分析技术，准确判定C&C异常、Web异常、隐蔽通道、邮件和流量异常检测等，可以有效识别并阻断勒索病毒、海莲花、震网、BlackEnergy、Google Aurora等APT攻击。

此外，借助于人工智能增强学习的优势，可以构建并完善一套主动式安全防御系统。如今的网络攻击和病毒具有易变性的特点，被动防御已经不能满足当前网络安全的要求，主动防御成为趋势和必然。借助人工智能的学习和进化能力，针对即将发生或未知的攻击行为，可以与安全策略和威胁情报有机结合，最终实现智慧型、主动型的安全防御。

人工智能作为当下最火的技术，将其应用于网络安全的管理与维护，能够极大地减轻维护人员的工作量，并且提高质量和可信度。该应用的建成和完善还在不断地进步和摸索中，但网络智能化和安全智能化的趋势不可阻挡。

4. 人工智能与元宇宙

何为元宇宙？

元宇宙（见图2-10），也称后设宇宙、形上宇宙、元界、超感空间、虚空间等，是一个聚焦于社交链接的3D虚拟世界网络，是一个持久化和去中心化的在线三维虚拟环境，可通过虚拟现实眼镜、增强现实眼镜、手机、个人计算机和电子游戏机进入。

图 2-10 元宇宙示意

我们可以通过一些影视文化作品来了解元宇宙。元宇宙的英文单词"Metaverse"最早见于尼尔·斯蒂芬森于1992年写的科幻小说《雪崩》，尼尔·斯蒂芬森用Metaverse来描述一个基于虚拟现实的互联网后继者。在《雪崩》中，Metaverse是一座虚拟的城市，只要戴上个人虚拟现实眼镜或者通过公共虚拟现实眼镜，就可以进入其中并在这个虚拟世界里像现实生活一样生活、工作，完成各种事情。例如，在Metaverse，你可以购买土地和开发建筑。用户以第一人称视角来体验Metaverse，在这座城市里可以以任何形式的化身出现，唯一的限制是高度——"以防止人们把化身变成一英里高"。

那么，人工智能与元宇宙有什么关系？

元宇宙需要各种技术的支持，如区块链、人工智能、增强现实、机器视觉等，其中，人工智能是应用最广的技术，起着联系虚拟和现实的作用。虽然不使用人工智能技术也可以在一定程度上模拟虚拟世界，但引入人工智能后，用户在虚拟世界里的体验感会更加逼真，其作用包括以下几个方面。

精确的化身创造（数字人类）： 人工智能引擎可以分析2D用户图像或3D扫描结果，并进行高度逼真的模拟再现。同时，它能够细化人的各种面部表情、情绪、发型，甚至由衰老带来的特征等，使化身更具活力，从而增强用户体验感。数字人类是通过计算机图形学技术（Computer Graphics，CG）创造出的与人类形象接近的具有特定身份的数字化形象，是元宇宙世界中的个体形象，类似于聊天机器人。它像是电子游戏中支持人工智能的非玩家角色（NPC），可以在虚拟现实世界中对人类的行为做出反应。数字人类的创建对元宇宙至关重要，实现它的核心技术就是人工智能。

多语言可访问性： 为了实现数字人类对话交流的功能，需要使用人工智能中语言处理的技术。为了模拟真正的对话，人工智能需要将自然语言转化为机器可识别的机器语言，然后机器进行解读分析，将得出的结果信息再转化为自然语言反馈给用户。这个过程用时很短，给用户营造了一种在进行人与人之间对话的真实感。此外，只要对人工智能进行相应的培训，得出的结果就可以转化为任何语种，便于世界各地的用户访问元宇宙。

虚拟世界的大规模扩张： 目前，虚拟世界在互联网上主要是以计算机模拟环境为基础。在虚拟世界中，虚拟人物是主体，用户化身为被称作"居民"的虚拟人物在其中生活。"居民"可以选择虚拟的 3D 模型作为自己的化身，能够像在现实生活中一样通过走路、骑车、乘坐飞机等一系列方式进行移动，通过文字、声音、图像、视频等各种媒介进行交流。"居民"对其创造的虚拟财产拥有虚拟产权，由创造者决定其产品是否可以被复制、修改或转移。同时，虚拟世界的生活与现实世界的生活在政治、经济、文化、教育等方面存在一定的关联性。

直观界面： 直观界面是用户进入虚拟世界后眼前所看到的世界，此时，若想真正地做到人机交互（HCI），则需要人工智能进行辅助。人类感官与虚拟世界联系的桥梁是虚拟现实设备，其设计非常复杂，内部传感器能够读取并预测人类的电子和肌肉模式，从而准确地知道人类想在元宇宙中如何移动。

总体来看，如果没有人工智能的加入，元宇宙很难模拟出现实世界，创造引人入胜、以假乱真的元宇宙世界。

5. 低代码和无代码人工智能

低代码是介于无代码与全代码之间的体系，开发程序员可借助通用业务代码，在原有基础上少量改动，以便快速进行不同的定制化业务开发。无代码更加适合刚接触编程的"小白"，只需通过可视化搭建生成的配置即可完成所需功能。低代码/无代码平台是一种采用模块化思维搭建的可视化软件开发环境，它的创建极大地减少了专业开发人员的精力，避免了逐行代码编写和调试。

低代码和无代码的发展路径有所不同，低代码从集成向数据服务演进，无代码从广度和深度上提升高阶能力。低代码强调敏捷开发的能力，产品的可扩展性和集成能力更强,并以此为基础,不断向更加自动化、智能化的技术融合形态演进,进而可以具备处理复杂根表和数据的能力,从表单驱动、模型推动向数据推动演进。无代码则更强调产品的易用性和用户体验,在满足客户基础功能需求的基础上,不断从广度和深度上拓展产品的高阶能力,使得产品的易用性和功能性更为强大。在广度上,人们可以在基础组件之上进行开发框架的研发。在深度上,人们可以在基础无代码平台能力之上增加组织权限架构管理、企业级管理后台等高阶能力,丰富无代码在企业数字化转型中的应用场景。

正是由于低代码/无代码平台的应用,人工智能的开发正朝着大众化发展。有了该平台,许多领域中应用的创建不需要高级定制或者复杂的编程要求,企业中未接触过开发编程的人员也可以加入人工智能应用的开发过程,在某种程度上,客户也可以加入产品的开发,以便更好地对产品进行优化和改进。

2020年,低代码/无代码人工智能工具风靡全球,加快了人工智能应用从构建应用程序到面向企业落地应用的步伐,这股新鲜势力有望持续发力。数据显示,低代码/无代码工具将成为科技龙头企业的主流研究方向,这是一个总值达132亿美元(约合人民币900亿元)的市场,预计到2025年其总值将进一步提升至455亿美元(约合人民币3102亿元)。

例如,美国亚马逊公司于2020年6月发布的Amazon Honeycode平台提供了类似于电子表格界面的零代码开发环境,被称为产品经理们的"福音"。由于可以帮助几乎没有编码知识的人群构建所需的定制应用程序,无代码工具在近年来吸引了很多关注。又如,中国华为公司研发的App Cube平台,是一种全云化的代码重构、编译、测试、发布、上线的"一站式"开发和运行平台。该平台利用华为深厚的软件开发功底与丰富的项目交付经验,结合简易拖拽与代码编写等多种开发模式,高效实现简易业务场景应用搭建与企业核心级应用构建。此外,该平台导入华为"A模型"等多种产品,进一步优化开发体验,沉淀资产，提高资产复用率。目前，华为App Cube已服务全球190多家企业，并助力能源、金融及工业制造等多个行业领域实现数字化转型，沉淀了220多种数字化管理资产。

6. 自动驾驶交通工具

在21世纪，由于汽车用户的不断增加，公路交通面临的拥堵、安全事故等问题越来越严重。自动驾驶技术在车联网技术和人工智能技术的赋能下，能够协调出行路线、有效规划时间，从而在很大程度上提高出行效率，并在一定程度上减少能源消耗。同时，自动驾驶还能帮助驾驶员避免疲劳驾驶等安全隐患，减少驾驶员失误，提升安全性。自动驾驶因此成为各国近年的一项研发重点。2015—2017年，全球自动驾驶发生160笔投资，总额为800亿美元（约合人民币5454亿元）。不论是"造车新势力"，还是老牌汽车厂商，都在自动驾驶方面投入巨资。自动驾驶涉及汽车系统的各个层面，包括汽车制造原材料、传感器和制导系统。它基于人工智能算法和学习模型来控制汽车做出决策和行动，再加上雷达、光学雷达、GPS（全球定位系统）及计算机视觉等技术感测其环境，通过环境和智能体进行交互来实现自动行进和停止操作。控制计算机自动驾驶技术的内容包括定位与路径规划、环境感知、行为决策与控制，即通过CPS（信息物理系统）与计算机技术的协作确定路线，并通过传感器感知环境。在道路行驶中，计算机的功能是依据庞大的数据库来辨识周围的环境，再做出相应的对策。计算机由此可以像人类驾驶员一样，在适当的时候发出指令来提速、减速或转向，以做到躲避障碍、保持车辆在车道内行驶，以及识别道路上的交通指示信号（如限速牌指示、红绿信号灯等）。

目前，提及的自动驾驶交通工具主要指自动驾驶汽车，其本质上是一种辅助驾驶员或者完全不需要驾驶员操纵的汽车。早在二十世纪二三十年代就出现了自动驾驶的展示系统。第一辆能真正实现自动驾驶技术的汽车出现于20

世纪80年代。1984年，卡内基梅隆大学推动Navlab计划与ALV计划；随后，1987年，梅赛德斯－奔驰与德国慕尼黑联邦国防军大学共同推行尤里卡普罗米修斯计划。自此之后，越来越多的公司与研究机构开始制造可运作的自动驾驶汽车原型。21世纪之后，伴随着电子通信技术的发展，自动驾驶汽车产品的研发突飞猛进，全自动驾驶车辆被制造出来，特斯拉汽车率先推出特定环境下的自动驾驶汽车。

国内来看，被誉为自动驾驶"黄埔军校"的百度无人驾驶团队，从2013年开始进入自动驾驶领域，其产品涉及Robotaxi、Robobus、物流小车、乘用车（威马）等，以及开源平台Apollo（新石器等）、车路协同、智能座舱、计算平台等。此外，华为、大疆等行业龙头企业也在研究和制造自动驾驶汽车。自动驾驶汽车的研发可以说是一个涉及多个学科的综合领域，接下来我们简单看看支撑它实现各个功能的技术。

（1）识别技术

自动驾驶汽车中的识别设备相当于人类的眼睛，用于对周围环境进行监测和识别，帮助智能体观察周边的车辆、障碍物、行人和道路等。人类的眼睛主要由眼球构成，它是实现大部分功能的主体，那么，自动驾驶汽车的"眼睛"是由什么构成的呢？答案是各种各样的传感器。

传感器是一种将收集到的信息转化为机器所能识别的信息的元件。传感器的存在赋予了物体"生命"，让它们拥有了听觉、嗅觉、触觉、视觉等，是实现自动检测的首要环节。自动驾驶中，传感器让汽车拥有了"视觉"，这种"视觉"是由许多"眼睛"构成的，包括摄像头、激光雷达、毫米波雷达、红外线、超声波雷达等。

你可能会疑惑，同样都是看东西，为什么汽车需要这么多种类的"眼睛"？接下来，通过深入了解这些"眼睛"，你就能明白为什么了。

在这些"眼睛"中，最重要的是摄像头，几乎所有的自动驾驶汽车中都会用到，用以进行红绿灯检测、交通标志检测、车行道检测、车辆检测及行人检测等。作为最接近人类眼睛的传感器，摄像头起源于生物视觉，利用光学成像的原理捕获和转化信号，用计算机视觉和数字图像处理进行图像的处理，最后回传给自动驾驶汽车，实现对周围环境的感知。虽然摄像头能感知很多内容，但是其感知对当时的环境是有一定限制的。如果是在夜晚或恶劣天气下，摄像头的可测范围就会严重下降，造成很大的误差。

另一个重要的传感器是激光雷达。激光雷达具有分辨率高、抗干扰性强、探测范围广、可准确获取目标的三维信息等优点，是一种主动传感器，所形成的数据是点云形式。激光雷达能够对周边物体进行建模以形成高清3D图像，让汽车进行快速识别和决策，但缺点是无法识别图像和颜色。

之所以存在各种各样的"眼睛"，一方面是为了互相弥补彼此的缺点，增强识别能力；另一方面是在实现的功能相同时，各个传感器反馈的信息质量不同，此时便可以选择反馈信息质量更高的结果作为识别的最终结果。这也是识别技术的一个研究方向，称为传感器融合（Sensor Fusion）。与此同时，如果系统中某一传感器出现了问题，由于多个传感器的存在，也不会致使汽车直接"失明"，从而保障了行进过程中的安全。

（2）决策技术

自动驾驶汽车中的决策设备相当于人的大脑，处于核心地位。自动驾驶汽车通过"眼睛"识别周围的环境后，这些信息会传递给"大脑"，用来对这些信息进行解读和分析，以便决定下一步行动。想要采取行动，首先要知道该用什么规则去制定行为，这种知识积累便是自动驾驶技术中的知识库。形成知识库有两种方式：专家规则式和人工智能式。

专家规则式是一种基于规则的自动驾驶决策方式。即提前在智能体中编写好规则（如交通规则），当汽车需要做决策的时候，必须严格遵守这些规则。例如，当红灯的时候，汽车根据系统里的规则，知道该停止等待绿灯出现再行进；要进行弯道超车的时候，系统会根据内部的规则，加上"眼睛"返回的路况和周围车辆情况来计算得出车速，从而最终做出决策。

人工智能式是基于学习的自动驾驶决策方式。它是真正意义上的"大脑"，通过强化学习和模仿学习来获得知识，从而让汽车做出决策。它能够利用人工智能算法对"眼睛"反馈的信息进行理解，或者提前通过学习大量类似的数据得出经验，随后利用这些信息进行综合判断，从而给出最佳决策。

（3）定位技术、通信安全技术

这两种技术分别对应的功能是确定汽车位置和保护自动驾驶汽车拥有者的信息安全，利用的技术分别是GPS/GNSS（全球导航卫星系统）和传感器，由于此节是介绍人工智能在自动驾驶交通工具中的作用，因此这里不再赘述。

（4）人机交互技术

人机交互技术在自动驾驶汽车中也是非常重要的，使用人机交互技术的好处是可以提高自动驾驶汽车的安全性和可靠性。该系统是基于规则和学习来进行决策的，然而现实中的路况瞬息万变，如果知识库里缺少了当前情况的规则或者人工智能不能及时通过学习得出解决办法时，汽车和车内人员就会面临危险。引入人机交互技术后，遇到自动驾驶驾驭不了的场景，汽车便会停止行进，呼唤车内人员来进行驾驶，这样可以在一定程度上减少危险的发生。

当然，人机互动并不仅仅是汽车和车内人员的互动，也可以是车内人员与外界人员进行互动，还可以是汽车向车内人员提供其感兴趣的话题或者与其进行聊天。总而言之，人机交互技术为自动驾驶汽车和车内人员提供了交流的途径。

综上所述，自动驾驶技术是一种便捷且趣味盎然的技术，但是目前的自动驾驶汽车还在不断地研究和优化中，尚未大规模使用。有人会担心，人工智能发展得如此之好，会不会取代人工操作？答案是否定的。一方面，自动驾驶技术对人类来说是一种辅助的工具，它解放了驾驶员的双手，使其把更多的精力放在对路况的观察上，降低了驾驶的疲惫感，也减少了安全事故发生的概率，提高了交通系统的运输效率。另一方面，自动驾驶系统的应用需要大量的经验和不断地进步，这些都是需要人来完成的。相信在不久的未来，自动驾驶汽车会普及，人工智能的应用也会增多。

7. 创造性人工智能

什么是创造性？哪些东西可以被定义为是具有创造性的？在日常生活中，我们时不时地进行创造，总是"不得不"进行创造性的判断，但是我们要将其描述出来却较为困难。

我们从小到大都在进行创造，大到生命的创造、事业的创造，小到写文章、做饭，由于我们在长期实践中对电影、戏剧、小说等各种形式作品的创造性判断已经形成了惯常的标准，因此，创造性的实质似乎显得没有那么重要。

但是，近年来，由于人工智能的快速发展，人工智能的生成物和人类的创作物十分接近，难以将两者区别，创造性地判断问题重新引起了人们重视。"I see it, so I know it?"这使得我们不得不回到创造性的本质问题上来，透过它来检视人工智能生成物是否具有创造性，从而引出一个新名词——创造性人工智能。

所谓创造性人工智能就是人工智能是否具备真正意义上的创造力。早在20世纪60年代，休伯特·德雷福斯[①]认为，智能能动者必须具有一个身体。他

---

① 休伯特·德雷福斯（Hubert L. Dreyfus），生存论现象学家，以《计算机不能做什么：人工智能的界限》（*What Computers Can't Do: The Limits of Artificial Intelligence*，1972）、《心灵胜于机器》（*Mind Over Machine*, 1986）等早期著作对符号主义或有效的经典人工智能（GOFAI）的批判而声名远播。

从梅洛·庞蒂那里引入了具身性思想："人之所以区别于机器（不管它构造得如何灵巧），并非由于孤立、通用、非物质的灵魂，而是因为有因缘的、情境的和物质的身体。"他曾从哲学上为ANN做辩护，指出ANN缺乏人类式的创造性和人类智能所应有的自主性，必须依赖先天知识或规则的植入，当时的人工智能在一定程度上并不具有创造性。

人工智能是否具有创造性取决于其是否具有逻辑思维与直觉思维，并且依赖于创作意图的发挥。这是科学家解释人脑具有创造能力的三大原因。随着多方面技术的发展和兴起，人工智能逐渐向着创造性人工智能发展。深度神经网络赋予了人工智能"大脑"，使其具有自主学习能力，但是这种学习能力仅仅停留在实现逻辑思维能力上，现在的一些人工智能程序（如人工智能绘画、人工智能创作、人工智能写诗等）看似具有完美的"大脑"，其实质还是基于学习和逻辑推理的，但是这些也可称作创造性人工智能。

例如，在GPT-4谷歌"大脑"等新模型的加持下，人们可以期待人工智能提供更加精致、看似"自然"的创意输出。谷歌"大脑"是Google X实验室的一个主要研究项目，是谷歌在人工智能领域开发的一款模拟人脑具备自我学习功能的软件。这种程序的创意之处在于能够使智能体更接近人类，这些创意性输出能够很好地应用于日常创作，如写文章、拟标题、设计图标等。

增强人类的劳动技能、更大更好的语言建模、网络安全领域的人工智能、人工智能与元宇宙、低代码和无代码人工智能、自动驾驶交通工具、创造性人工智能是目前人们认可的人工智能发展七大方向，部分在当下已经实现，部分在未来也许会变得更好。

拓展阅读：ChatGPT

到2023年，OpenAI公司终于推出了他们的得意之作——ChatGPT，它是一款基于GPT模型所研发的产品，OpenAI公司将它称为"GPT-3.5的主力模型"。毫不夸张地说，对于"谁是近几年最受瞩目的聊天对象"这个问题，在2023年，绝大部分人的回答是ChatGPT（目前世界上参数规模最大的人工智能机器人之一）。为什么ChatGPT能够如此火热，受到万众瞩目和期待呢？接下来就让我们真正领略一下这款当世最强自然语言模型的魅力。

每过几年，人工智能就会送给人类一个影响深远的"礼物"，让一部分人五味杂陈。1997年是"深蓝"，它击败了国际象棋大师卡斯帕罗夫；2016年是AlphaGo，在最难的博弈游戏围棋中，它先击败了韩国棋手李世石，次年更让世界第一的柯洁泪洒对弈现场。毫无疑问，ChatGPT是AlphaGo之后最令人激动的里程碑。

ChatGPT被称作人工智能有史以来的"最强大脑"，其总算力消耗大约为3640 PF-days[①]。但ChatGPT的页面，却是那么简洁、平淡，总是让人有种不真切之感。

有专家指出，"ChatGPT是一场技术突破，从来没有人说过它是科学突破。"作为智能对话技术、深度学习大模型技术、工程化及大数据能力的集大成者，ChatGPT已经被无数篇文章拆解过，它赖以实现的构思、工程、算法结构，被业内人士十分精辟地总结为"有技巧而没秘密"。

1. ChatGPT 的技术没有秘密，它只是走了一条无人敢走的道路

大数据、大模型、大算力意味着大量的资金消耗。ChatGPT每次训练要花

---

① 3640 PF-days：假如每秒计算 1 千万亿次，需要计算 3640 天。

费上百万美元，OpenAI公司每年要"烧掉"投资人数亿美元。OpenAI开发出ChatGPT，如同在黑暗中独自跑完了一场马拉松。光明已经到来，但马拉松并未停下。

ChatGPT自2022年11月发布后，短短5天注册用户数就超过100万人次。仅两个月时间，ChatGPT月活跃用户数就突破1亿人次大关，成功打破TikTok的纪录，成为史上增长最快的应用。要知道，为了实现这一数值，互联网用了7年，Facebook用了4年半。现在，作为一款强势吸睛的人工智能应用，ChatGPT每分钟要与全球1300多万名用户同时对话，成为人工智能领域乃至整个科技圈炙手可热的"新宠"。令人称奇的是，ChatGPT不仅能像常规的搜索引擎、问答机器人一样，答复人们提出的基础问题，而且具有一定的创作能力，编故事、写诗词、敲代码、写论文……ChatGPT凭借着丰富的"学识"，让人们切实感觉到科技的震撼。

2. ChatGPT 绝不"尬聊"，拥有人脑无法达到的学习体量

在"语音助手""人工智能聊天"已经屡见不鲜的今天，ChatGPT能够引发热议，其核心的特点在于它能够实现上下文互动的自然交流。用过智能语音产品的朋友不难发现，现在市面上大部分的产品都是通过抓取关键词的模式来与用户进行"尬聊"，从而闹出了不少笑话。以Siri为例，假设你问它"哪里有道口烧鸡"，它可能会告诉你"从网上搜索了最近的道口在以下几个位置"。这类产品更像是搜索引擎的"遥控器"，还远远达不到自然交流的程度，更不用说进行创作了。而ChatGPT拥有更智能的理解模式，它能够在一定程度上理解真实对话中大量出现的歧义词、多义词汇及一些复杂句式。这种优势在语法结构相对简单的英语等语系中显得尤为明显。据报道，有近九成的美国大学生利用ChatGPT做作业，这也导致巴黎政治大学、《科学》杂志等多家院校、机构和学术期刊发表声明，禁止或限制使用ChatGPT等人工智能工具参与撰写

学术论文。ChatGPT 擅长口语化的表达，这是与 GPT-3 等产品相比更显著的优势。在交流过程中，ChatGPT 遇到不懂的就问，发现错误就指出，甚至能意识到语言上的陷阱和反讽，然后不卑不亢地进行反驳。有网友利用 ChatGPT 与客服对话，要回了多交的款项，并称 ChatGPT 是"社恐人士"的好帮手。ChatGPT 还拥有庞大的数据库，不仅交流顺畅，而且多知多懂，它的交流内容没有局限。如果说在创作领域 ChatGPT 的发挥还难以与人类一争高下，那么，在教育、考试等规范化领域，ChatGPT 的表现则不逊色于人类。据报道，ChatGPT 还成功通过了谷歌年薪 140 万元的编码工程师考试。

和 ChatGPT 聊天，可以直奔主题、开门见山，也可以由浅入深、由表及里。当被问到一些严肃性话题和解决方案时，ChatGPT 的回答逻辑合理、用词准确，其清晰直观的表达方式、迅速的反应令人拍案叫绝。

3. ChatGPT 提供了"系统 1"和"系统 2"联合的可能

2002 年诺贝尔经济学奖得主丹尼尔·卡尼曼的一本畅销书《思考，快与慢》（*Thinking Fast And Slow*）中提出了人类的思考方式有两类："系统 1"和"系统 2"。"系统 1"的特点是基于直觉和经验判断，快速、不需要大量计算；"系统 2"的特点是有语言、算法、计算、逻辑。以人脑活动为例，国际象棋大师下车轮棋采用"系统 1"的形式，他们并非仔细地计算走哪步，而是凭借几万小时的训练和记忆力，从棋盘格局通过模式识别和判断落子位置，这是通过直觉和记忆的低认知负担的决策。"系统 2"的典型案例是高考数学，哪怕是图灵奖得主或菲尔兹奖得主也不可能瞄一眼题目就能把考卷做出满分，而是必须认真读题、计算、推理认证、得出结果，这需要调动知识，运用计算、逻辑与检验能力，是一个高认知负荷的脑力推导过程。

从人工智能发展的进程来看，最初，人们认为人工智能更适合做"系统 1"的工作，如人脸识别、质检就是基于"系统 1"的模式识别。从过去的

AlphaGo，到如今的 ChatGPT，人工智能随着技术的发展会越来越擅长"系统2"任务，并且能力增长的速度会超过我们原来的预期。不得不承认，人类单独做"系统2"的工作，从长远来看，学习的效率、深度、广度都不如人工智能。人工智能的更多高价值场景在于"系统2"。因此，在以人为中心、人类更多承担"系统1"任务并负责最终决策、人工智能系统更多承担"系统2"任务的背景下，人类和人工智能如何更好地协同和交互？"系统1"和"系统2"如何合作？如何持续提升人工智能系统的协同与交互智能能力？专家表示，让人工智能通过交互学习更好地理解人类的意图与判断、大量获取相关信息与数据并做复杂推理，为人类呈现推理过程与决策选项，通过这些协同交互，帮助人类更擅长做决策、做更好的决策，这是未来人工智能发展的重要方向。人类可以借助人工智能更快地发现新知识，洞察其深度和广度，并完成任务。新知识的发现帮助人类设计出更好的人工智能，如对脑科学的发现、计算优化的发现。人类发现更好的人工智能，更好的人工智能发现更多的新知识，如此形成闭环，一个创造新知识的"飞轮"就出现了。

ChatGPT 提供了一种"系统1"和"系统2"联合的可能，人类与人工智能通过协同交互完成任务。在这个逻辑下，就像人类和 ChatGPT 的交互一样，如果将"系统1"和"系统2"结合起来，就能更高效打破信息茧房，人类能更快速学习、洞察，在不同学科之间可以更好地创造交叉知识。实际上，ChatGPT 产品只是一个表象，脱离 ChatGPT 的聊天对话框，这是人机交互范式和底层人工智能能力的改变，在生产力场景下，这种交互范式可以改变行业。

4. ChatGPT 引发新一轮人工智能科技竞赛

ChatGPT 的问世在人工智能领域引发了新一轮的科技竞赛。2023年2月7日凌晨，谷歌发布了基于谷歌 LaMDA 大模型的下一代对话 AI 系统 Bard。同一天，百度官宣正在研发的大模型类项目"文心一言"，内测后对公众开放。

2023年2月8日凌晨，微软推出由ChatGPT支持的最新版本必应搜索引擎和Edge浏览器，宣布要"重塑搜索"。微软旗下Office、Azure云服务等所有产品都将全线整合ChatGPT。阿里巴巴、京东等中国企业也表示正在或计划研发类似产品。人工智能大模型领域的全球竞争已趋白热化。专家认为，未来，ChatGPT有望演变成新一代操作系统平台和生态。这种变革是移动互联网从个人计算机到手机的转化，大部分计算负荷将由以大模型为核心的新一代信息基础设施接管。这一新范式将影响从基础设施到应用各个层面，引发整个产业格局的剧变，大模型及其软硬件支撑系统的生态之争将成为未来十年信息产业的关注焦点。值得注意的是，ChatGPT有时会"一本正经地胡说八道"，存在事实性错误、知识盲区和常识偏差等诸多问题，还面临训练数据来源合规性、数据使用的偏见性、生成虚假信息、版权争议等人工智能通用风险。多家全球知名学术期刊为此更新编辑准则，包括任何大型语言模型工具都不会被接受为研究论文署名作者等。"学术论文的署名作者须满足至少两个条件，其一是在论文工作中做出'实质性贡献'，其二是能承担相关的责任。目前这两个条件ChatGPT（以及其他人工智能系统）都不满足。"

专家指出，"针对这些问题，需要我们在发展技术的同时，对于ChatGPT应用边界加以管控，建立对人工智能生成内容的管理法规，对利用人工智能生成和传播不实、不良内容进行规避。同时加强治理工具的开发，通过技术手段识别人工智能生成内容。这对于内容检测和作品确权都是重要前提。"

第五节　技术进步与社会变迁

到目前为止，人工智能的发展已经经历了三次浪潮，从最开始的理论研究到如今的落地应用，从最开始的感知到现在的认知，一次次的浪潮和一步步的变化都体现了技术的进步，促进了社会的变迁。

人工智能的发展离不开核心技术的发展与进步，接下来介绍常见的7种核心技术。

1. 机器学习

机器学习（Machine Learning）是一门涉及统计学、系统辨识、逼近理论、神经网络、优化理论、计算机科学、脑科学等诸多领域的交叉学科，目的是模拟和实现人类的学习行为。机器学习的发展和人工智能的发展息息相关，是人工智能发展到一定时期的必然产物。机器学习是一种概念，不需要写任何与问题有关的特定代码，泛型算法（Generic Algorithms）就能告知一些关于数据的有趣结论。无须编码，只要将数据输入泛型算法中，它就会在数据的基础上建立自己的逻辑。机器学习分为监督学习、无监督学习、半监督学习和强化学习4种。监督学习中必须有训练集与测试集，在训练集中寻找规律，在测试集中验证规律。本质来说，监督学习就是识别事物并进行分类，即为输入数据加上标签。因此，训练集必须由带标签的样本构成。而无监督学习中没有数据集，仅有一组数据，模型在该数据集内自发寻找规律。这种规律并不一定要达到划分数据集的目的，也就是说不一定要"分类"。这意味着，无监督学习比监督学习的用途广，如分析一堆数据的主成分，或分析数据集特点等均可归于无监督学习的领域。半监督学习从训练数据使用方式来说，是监督学习和无监督学习的结合，即使用少量带标签的数据和大量无标签的数据。半监督学习更适用于现实世界中的应用。强化学习与监督学习、无监督学习不同，是一种通过交互的目标导向学习方法，即专注于智能体与环境的交互，目标是找到连续时间序列的最优策略，常见于控制、资源调度等领域。

机器学习的发展历程如下。

20世纪50年代开始，图灵测试和西洋跳棋程序标志着机器学习正式进入发展时期。20世纪50年代开始，人们开始了对机器学习简单算法的研究。20世纪60年代开始，机器学习中引入了用于概率推理的贝叶斯方法，出现了贝叶斯分类器等技术。20世纪60年代后期到70年代末期，由于算力和算法的限制，机器学习的发展几乎停滞。停滞了近10年后，神经网络反向传播算法训练的多参数线性规划（MLP）理念的提出复兴了机器学习，将机器学习的发展引入了一个新时代。20世纪90年代开始，机器学习由知识驱动转向数据驱动，人们提出了用于解决分类问题的决策树方法，支持向量机（SVW）和循环神经网络（RNN）也开始发展起来。21世纪开始，支持向量聚类和无监督学习的兴起，推动了机器学习的又一发展。与此同时，深度学习的提出使得机器学习从低迷时期进入蓬勃发展的时期。伴随着算力的提升和大数据的赋能，深度学习急速发展，成为目前机器学习的核心与热点，掀起了一波人工智能发展的高潮。

机器学习经历了萌芽期、停滞期、复兴期、成熟期，如今，机器学习处于蓬勃发展期，机器学习算法得到了广泛的应用。尽管已经有很多机器学习算法，但没有一种算法适用于所有问题。不同的应用场景需要选择不同的机器学习算法，不同的机器学习算法也有各自适合的领域和难以攻克的短板。其中，经典算法较为简单，是机器学习发展的基础，应当将其进行改进和联合使用，达到发挥优点、弥补不足的目的。从目前趋势来看，机器学习今后主要的研究方向是发展和完善现有的学习方法，同时探索新的学习方法，重点研究人类学习机制，建立实用的学习系统，开展多种学习方法协同工作的集成化系统研究，以期使机器学习能更大程度地改善人们的生活。

2. 知识图谱

知识图谱由有向图构成，是一种由节点和边组成的图数据结构，其基本组成单位是一个"实体-关系-实体"的三元组，用于解释实体与实体间的关系。知识图谱用来描述真实世界中存在的各种实体和概念，以及它们之间的关系，因此，可以认为知识图谱是一种语义网络。从发展的过程来看，知识图谱是在自然语言处理（NLP）的基础上发展而来的。知识图谱和自然语言处理有着紧密的联系，都属于比较高级的人工智能技术。知识图谱可以用来查询复杂的关联信息，从语义层面理解用户意图、改进搜索质量。

具体来说，知识图谱是通过将应用数学、图形学、信息可视化等学科与计量学引文分析、共现分析等方法结合，并利用可视化的图谱形象地展示其核心结构、发展历史、前沿领域及整体知识架构，达到多学科融合目的的现代理论。它把复杂的知识领域通过数据挖掘、信息处理、知识计量和图形绘制显示出来，揭示知识领域的动态发展规律，为学科研究提供切实的、有价值的参考。迄今为止，其实际应用已经逐步拓展并取得了较好的效果。

对知识图谱的研究可以追溯到20世纪60年代出现的语义网络，它是一种知识的表达模式，用节点和边来表示，其中，节点表示对象，边表示对象之间的关系。20世纪70年代，出现了最早期的专家系统，它是一个具有大量知识和经验的系统，用于通过推理和判断最终得出决策。从语义网络到专家系统的提出，再到后续的不断演变，才成就了现在的知识图谱。1980年，哲学概念"本体"被引入人工智能领域，用来刻画知识。1984年，Douglas Lenat设立的专家系统CYC就是本体知识库。1989年，Tim Berners-Lee发明了万维网。万维网利用网页之间的超链接，将不同网站的网页链接成一张逻辑上的信息网，是一个大规模、联机式的信息储藏所。1998年，Tim Berners-Lee提出了语义网，从超文本链接过渡到语义链接。2006年，Tim Berners-Lee又提出链接数据（Linked Data），强调语义网的本质是开放数据之间的链接。2012年，谷歌提出了知识图谱的概念，发布了基于知识图谱的搜索引擎产品，提高了搜索效率和搜索信息的质量。

至今，已经涌现出一大批知识图谱，其中具有代表性的有DBpedia、Freebase、NELL、Porbase等，这些知识图谱从大量数据资源中抽取、组织和管理知识，旨在提供能读懂用户需求的智能服务，如理解搜索的语义、提供更精准的搜索答案等。大批的知识图谱被广泛应用于知识图谱补全与去噪的学术研究领域。除此之外，知识图谱在问答系统、推荐系统、机器翻译等领域也发挥了重要作用，并已在医学诊断、金融安全、军用等领域展示出较好的应用前景。

3. 自然语言处理

自然语言处理是计算机科学领域与人工智能领域中的一个重要方向，研究能实现人类与计算机之间用自然语言进行有效通信的各种理论和方法。自然语言处理有两个核心子集：自然语言理解（NLU）和自然语言生成（NLG）。NLU将人类语言转换为机器可读的格式以进行人工智能分析。分析完成后，NLG会进行适当的响应，并以相同的语言发回人类用户。最开始对自然语言的理解工作是机器翻译，由于当时的研究者还没有真正体会到自然语言的复杂性，单凭简单的技术和理论不能使其发展起来。

20世纪50年代到70年代，研究者们采用基于规则的方法来研究自然语言处理，当时出现的图灵测试被视为其思想的开端。但由于基于规则的方法总会出现一定的纰漏，覆盖的信息面也不够广，并且要求开发者既具有一定水平的外语能力，又具有一定水平的计算机语言能力。因此，这一阶段的自然语言处理只能解决一部分简单的问题，无法真正使其实用化。

20世纪70年代到21世纪初期，互联网、大数据高速发展，自然语言处理由经验向理性过渡，基于统计的方法逐渐代替了基于规则的方法。自然语言处理基于数学模型和统计的方法取得了实质性的突破，从理论化走向实用化。

2008年至今，随着语音识别和图像识别技术的发展，人们逐渐开始将深度学习引入自然语言处理，并在机器翻译、问答系统、阅读理解等领域取得了一定成功。当前，自然语言处理是为各类企业及开发者提供的用于文本分析及挖掘的核心工具，已经广泛应用在电商、金融、物流、文化娱乐等行业。它可帮助用户搭建内容搜索、内容推荐、舆情识别及分析、文本结构化、对话机器人等智能产品，也能够通过合作，定制个性化的解决方案。由于理解自然语言，需要关于外在世界的广泛知识及运用操作这些知识的能力，所以自然语言处理也被视为解决强人工智能的核心问题之一，今后也将与人工智能一并发展，而RNN是自然语言处理中最常用的技术，GRU（门控循环单元）、LSTM（长短期记忆网络）等模型的相继出现将引发一轮又一轮的热潮。

4. 人机交互

人机交互是指用户与系统之间的交流互动，系统可以是机器，也可以是应用软件和程序。人机交互技术的发展体现了人与计算机互相适应的过程，从第一台计算机被发明出来以后，人机交互被逐渐应用。

具体来讲，人机交互是计算机、人类工效学、工程心理学、认知学等多学科交叉的领域，于1975年被首次提出，其专业的称呼出现于1983年卡德、莫兰和内韦尔合著的《人机交互心理学》一书，自此"交互"的概念迅速普及。人机交互研究最初以机器为中心，由心理学家训练和选拔人员以适应机器。后来在"二战"期间，机器复杂到难以使人适应，重心才转移到以人为中心，研究机器如何适应人类的心理特征。

从第一台计算机出现到互联网时代的到来，人类与计算机的交互经历了4个阶段：早期手工作业阶段、命令行控制阶段、图形界面阶段、自然用户界面阶段。2008年，比尔·盖茨提出"自然用户界面"概念，并预言人机交互在未来几年会有很大的改观，键盘和鼠标将会被更自然的触摸式、视觉性及语音控制界面代替。步入物联网时代，不同用户的不同需求需要被满足，尤其是电子设备使用经验较少的人。自然用户界面根据人们日常行为的心理模式而设计交互界面，电子设备使用经验较少的人在与计算机进行交互时，就好比与现实环境进行交互，不需要刻意记忆相关程序的功能，这样可以大大减轻用户的记忆负担，从而很好地解决了界面功能复杂让人难以理解及使用者对相关程序知识薄弱的问题。目前，人机交互正向拟人化、智能化、自然化、实体化方向发展，主要有自适应系统、多通道用户界面和虚拟现实3个方向。

（1）自适应系统

自适应系统能在用户使用过程中，改变自身性能特点来适应用户的特定操作要求。人机交互的适应性界面有可适应系统和适应性系统两种形式。其中，可适应系统通过增加操作选项或让用户自定义操作界面以适应用户的不同需求，但会增加软件设计难度，占用更多的内存，增加用户的工作负荷。适应性系统可以通过用户的操作特点，改变系统界面的呈现方式来适应用户的需求，由输入功能、推论功能和输出功能构成。输入功能是收集用户在操作过程中的行为数据和任务操作指令；推论功能是分析收集的数据，根据理论原则推断以决定采用怎样的方式适应用户；输出功能是根据推论结果输出呈现信息。

（2）多通道用户界面

多通道用户界面是指人能通过视觉、听觉、触觉、动觉（运动感觉）、言语、手势、表情、眼动或神经输入等不同通道与计算机系统进行交互的用户界面。目前，人机交互操作大多是通过手和眼，而采用多通道以自然方式进行交互，便可以通过丰富的信息实现高效率的交互，也可以由人或机器选择最佳的反应通道，而不会使某一通道负担过重。眼动追踪、语音合成、手势识别、自然语言理解、表情识别和手写识别等方式的交互是目前的主要研究热点，其中，在语音合成和手势识别方面，人机交互已达到实用化的程度。多通道用户界面利用人的多种感觉通道和动作通道，以并行非精确的方式与计算机系统进行交互，结合来自不同通道的信息，发挥各个通道独特的优势，利用信息互补带来的灵活性实现更高效的交互，增强界面输出的表现力。虽然认知心理学已对单个通道信息的传递和加工有了较为深入的理解，拥有大量关于语音识别、字词识别、手势识别，以及触觉、动觉传递方面的研究，但对于来自不同通道的信息如何整合成一个一致的语义信息，以及多通道和背景信息的融合机理等问题研究较少。而且目前计算机的交互设备并没有被设计成以协作的方式工作，所以如何从这些通道的信息流中获取用户要传达的交互意图，并将其转换成系统的功能表示，最后交付计算机执行，成为多通道用户界面要解决的关键问题。

（3）虚拟现实

虚拟现实也被称为计算机空间、人工环境、人工合成环境或虚拟环境。虚拟现实是以计算机技术为核心，结合相关科学技术，生成与一定范围真实环境在视、听、触感等方面高度近似的数字化环境。用户借助必要的装备与数字化环境中的对象进行交互作用、相互影响。通过实时三维计算机图形技术、广角立体显示技术、手眼跟踪技术，以及触摸反馈和力反馈等技术，用户可产生亲临真实场景的感知体验。上述虚拟现实场景强调人的沉浸感，即人沉浸在虚拟世界中，与现实世界相隔离，无法感知到现实世界。而增强虚拟现实不同，其允许用户既能看到真实世界，又能看到叠加在真实世界上的虚拟对象。它是将真实环境和虚拟环境组合在一起的系统，通过用虚拟环境代替真实环境，减少构成复杂真实环境的成本，并且基于真实环境可对实际物体进行操作，真正做到了亦真亦幻。在该类系统中，虚拟环境反馈的信息往往是用户无法凭借自身感觉器官直接感知的深层信息，这意味着用户可以利用虚拟对象提供的信息来加强对现实世界的认知，使人机交互的体验更加精彩丰富。

几十年来，人机交互技术经历了多个不同的发展阶段，不断促使其发展的目标便是以人为中心，让机器与人的交往能够像人与人日常的交往一样，使用户较少甚至不需要经过特殊的训练和记忆，利用已有的经验便可使用机器。目前，有大量心理学研究人员和从业人员在提升人机交互的交互效率、易学性、易记性、容错性和用户满意度方面不断努力，致力于使用专业的研究方法和理论知识来提升用户体验。

5. 计算机视觉

计算机视觉是一门研究如何"看"、辅助智能体做出决策的技术，属于计算机科学领域，其专注于创建可以像人类一样处理、分析和理解视觉数据（图像或视频）的数字系统。计算机视觉的作用是"教"会计算机处理像素级别的图像并理解它。从技术上讲，机器尝试通过特殊的软件算法来对视觉信息进行检索、处理并解释其结果。作为目前最热门的研究领域之一，计算机视觉的发展对推进人工智能技术的发展有着重要作用。

20世纪50年代，计算机视觉研究的主要对象是二维图像的分析与识别。1959年，得益于对生物视觉的研究，神经生理学家David Hubel和Torsten

Wiesel通过猫的视觉实验，记录猫的视觉大脑皮层神经细胞对不同模式光刺激的响应，发现了视功能柱结构，为视觉研究及今天的卷积神经网络提供了生物学的启发，促进了计算机视觉的突破性发展。

20世纪60年代，人们开创了以三维视觉理解为目的的研究。1965年，Lawrence Roberts在《三维固体的机器感知》中描述了从二维图片中推导三维信息的过程，开创了以三维图像为中心的计算机视觉研究。他的"积木世界"给后来的人产生了许多启发，人们陆续研究出边缘检测、角点特征检测等算法，研究领域涉及了几何要素分析和几何成像分析。1966年，MITAI实验室的Seymour Papert教授决定启动夏季视觉项目，虽未成功，但是这是计算机视觉成为一个科学研究领域的标志。1969年，贝尔实验室的两位科学家Willard S. Boyle和George E. Smith投身于电荷耦合器件（CCD）的研发，此次研发标志着计算机视觉进入应用阶段，开始造福于工业上的机器视觉。

20世纪70年代，麻省理工学院（MIT）人工智能实验室CSAIL正式开设计算机视觉课程，说明此时已经出现了课程和明确的理论体系，对推动计算机视觉起着重要作用。

20世纪80年代，计算机视觉这一独立学科已经形成，同时也从理论和实验室阶段真正走向应用。较为基础的卷积神经网络开始被提出，这期间出现的技术进步促进了图像、语音和手写识别系统的发展与完善。

20世纪90年代，特征对象识别开始成为研究重点。21世纪初期，图像特征工程出现真正拥有标注的高质量数据集；深度学习应用于计算机视觉开始火热，越来越多的计算机视觉应用被开发。例如，医疗领域中，根据核磁、CT、B超等影像的早期症状进行诊断；工业领域中，工厂流水线上根据图像识别来判断工件的质量，清点工件的数量；农业领域中，通过图像视觉的方式无接触地获取植物当前的生长状况等。可以说，只要拥有足够的规范数据和一个符合视觉任务的目标定义，计算机视觉都可以一展身手。

2021年，谷歌将之前自然语言处理领域比较火热的Transformer（变形模型）引入计算机视觉领域，其核心是注意力模型。在该领域，研究者们致力于寻找词与词之间的联系，给定一组输入的词汇，可以找到与其有强关联的词汇输出，使机器可以更好地理解人类的语义。将该技术引入视觉领域之后，一幅图像被切割为多个方块，每个方块有其自有的位置信息保留，然后一并输入到变形模型的架构中进行训练。在这个过程中，把一个图块看作一个单词输入，而其输出亦可以是一个单词或者是一组单词。不管是什么样的训练任务，最终都能抽象为一些词的输入和另一些词的输出。因为其在自然语言处理领域取得的成功，以及在计算机视觉领域的许多任务中取得了不低于甚至超过CNN框架的准确率，目前，变形模型大有取代CNN成为新的行业标杆的趋势，正吸引着越来越多的研究者进行探索。

如今，我们并不缺乏强大的计算能力。不仅仅是新硬件与先进算法的融合在推动着计算机视觉技术的发展，我们每天生成的大量可公开获得的视觉数据也在推动着这项技术的发展。根据福布斯公布的数据，用户每天在线共享超过30亿张图像，这些数据被用来训练计算机视觉系统。我们使用大量的可视数据训练计算机，包括让计算机处理图像、在图像上标记对象、在这些对象中找到图案，高质量的视觉数据不断被运用起来。无论是工业，还是游戏行业，计算机视觉都扮演着重要角色。

6. 生物特征识别

生物特征识别是一种可用于识别个体的生物测量或物理特性的技术，它采用自动技术对生物特征进行测量，并将这些特征数据与数据库中的特征模板进行对比后确认身份信息。由于它是基于生物特征的，因此很难被伪造。目前，广泛使用的生物特征是人脸、虹膜、指纹，用于日常手机解锁、房门解锁、出入高铁/机场等。除此之外，生物特征识别还包括静脉识别、声纹识别、姿态识别、温谱识别及基因识别等。生物特征识别赋予机器自动探测、捕获、处理、分析和识别数字化生理或行为信号的能力，一直处于人工智能发展的前沿，也是研究人工智能必不可少的一项技术。

生物特征识别的发展要追溯到20世纪60年代。1960年，科学家们开始研究声学语言和语音的生理成分，这是后来语音识别技术的前身。1969年，美国联邦调查局（FBI）推动了自动指纹识别技术，将生物特征信息用于安防领域。

二十世纪七八十年代，在FBI提供的自动指纹识别技术的帮助下，第一台提取指纹点的扫描器基本成型。但由于当时数字存储成本过高，无法将该机器真正投入使用。后来，美国国家科学与技术研究院（NIST）开始对数据压缩和算法进行研究，直接促进了指纹技术得以突破性地发展。NIST还申请了虹膜识别和皮下血管模式的专利，推进了语音、虹膜和人脸识别技术的发展。

20世纪90年代，生物特征识别技术突飞猛进，进入发展的高潮时期。到21世纪初期，生物特征识别工作已经得到了极大推广，国际标准化组织（ISO）对通用生物识别技术进行了标准化。各国国防部收集生物鉴别数据（指纹特征、面部特征、声音样本、虹膜图像和DNA拭子），用以跟踪和识别国家安全威胁，生物特征识别技术发展得越来越成熟。

进入21世纪，各种技术的发展和整合将生物识别认证推向了主流。扫描传感器的准确度几乎可以达到100%，而且此时智能手机的使用也进入了一个高潮，将扫描传感器集成到智能手机中变得容易起来。

人们对生物特征识别的研究不会止步于此，在未来，通过心率、签名，甚至脚步声的特征识别也将发展起来。总而言之，生物特征识别具有无限可能。

7. 虚拟现实（VR）/增强现实（AR）

VR/AR是以计算机为核心的新型视听技术。结合人工智能和多个其他学科的技术，VR/AR能在一定范围内生成与真实环境在视觉、听觉、触感等方面高度相似的数字化环境。用户可以借助复杂的装备在数字化环境中与其他对象进行交互，获得如同置身于现实世界的感受和体验。

VR/AR的发展起源于"VR之父"——Morton Heilig。在20世纪50年代，作为一名哲学家、电影制作人和发明家的Morton Heilig，利用作品中的灵感发明了一台名叫Sensorama Stimulator的设备。这台设备通过图像、声音、风扇、气味和震动，可以让用户身临其境地感受在纽约布鲁克林街道上骑着摩托车风驰电掣的场景。这是VR眼镜的前身，当时的它又大又笨重，却是一个极为超前的设计。由于Morton Heilig没有足够的资金投入设备的生产，所以当时该产品并未商业化。

1968年，VR/AR发展史迎来了里程碑事件——第一台头戴式AR设备的诞生。哈佛副教授Ivan Sutherland与他的学生Bob Sproull合作发明了AR设备——Sutherland，并将其称之为"终极显示器"。使用该设备的用户能通过设备里的双目镜看到一个简单的三维模型房间，还可以利用视觉和头部运动来改变观测的视角。该设备虽为头套式，但是由于其主体又大又笨重，使用时需要悬挂在用户头顶的天花板上，因此又被称作"达摩克利斯之剑"。

1990年，虚拟现实技术进入理论完善和应用阶段。1998年，VR/AR第一次出现在大众平台上，此后便迎来了爆炸式发展时期。2000年，Bruce H. Thomas在澳大利亚南澳大学可穿戴计算机实验室开发了第一款手机室外AR游戏——ARQuake。2008年左右，VR/AR开始被用于地图等手机应用上。

2013年，谷歌发布了谷歌眼镜。2015年，微软发布了HoloLens，这是一款能将计算机生成的图像（全息图）叠加到用户周围世界的头戴式AR设备，也正是随着这两款产品的出现，更多的人开始了解VR/AR。2016年7月，任天堂的VR游戏（Pokemon Go）火爆全球，让更多人认识到了VR/AR技术。

VR/AR技术目前尚未广泛出现在人们的生活里，但是在娱乐项目中，我们可以找到它的影子。有兴趣的读者可以去寻找一下周围的VR/AR技术体验馆，去领略一下这项技术的神奇和魅力所在。

第六节　从感知到认知，人工智能未来已来

从感知到认知，何为感知，又何为认知呢？

简单来说，感知智能就是智能体对听觉、视觉、触觉的感知能力。百度百科上对其定义：将物理世界的信号通过摄像头、麦克风或者其他传感器等硬件设备，借助语音识别、图像识别等前沿技术，映射到数字世界，再将这些数字信息进一步提升至可认知的层次，如记忆、理解、规划、决策等。这一过程是实现人机交互的核心，当下热门的人脸识别、语音识别及自动驾驶汽车等技术都属于感知层面上。

而认知智能需要进行推理、规划、联想、创作等复杂任务，分为理解、分析和决策3步，做到"能理解、会思考"。让机器拥有认知能力，就是希望机器能够模仿生命本身，拥有主动思考和理解的能力，并由此产生了"虚拟生命"的概念。

从感知到认知，是机器从无生命意识到有生命意识的突破，不是由单个技术所完成的，而是需要结合多种不同技术。当前的人工智能尚且处于弱人工智能阶段，换句话说，当前的人工智能还不具备能独立思考和理解的"大脑"。使机器能够拥有"大脑"的方法是给予机器知识。知识相当于人工智能大脑里的神经元，知识与知识之间的关联密度就像是一个人工智能大脑皮层，人工智

能大脑皮层越复杂、越密集，人工智能就越"聪明"。从宏观上看，人工智能正在从感知走向认知，通过深度学习的算法，感知智能已经有了很大突破，但认知智能才刚刚开始或者说还在路上。商场中的人工智能机器人见图2-11。

图 2-11　商场中的人工智能机器人

人类的生活要依赖"物"（物质、环境等），想要提高人类生活的质量需要"机"（蒸汽机、电动机、计算机、互联网、人工智能等）的辅助。从历史上看，工业社会减轻了人的体力劳动，未来，高度智能化的社会必将减轻和拓展人类的脑力劳动。

人类所具有的智能来源于知识，而知识的积累在于学习。智能是学习和求解问题的能力，也是推动人类进步和社会发展的强大动力。简单来说，人工智能就是模仿或者模拟人类智能的能力，也是用计算机来模仿人类学习和求解问题的能力。看和听对人类认识世界具有决定性作用，但是看到的和听到的并不一定都是真实的——这里存在知觉偏差的问题。我们强调要透过现象看本质，也就是说存在着"感知—现象""认知—本质"两对相应的概念。

认知的核心是反馈，是一个"抽象迭代—思维推理"的过程，所以才有"学而不思则罔""不是收到篮子里的都是菜"的说法。人工智能仿照人的智能从根本上来说有两项大任务：一是模式识别，采用统计方法得到大量现实世界的数据，提取出经验，再从经验中学习；二是语义理解，用逻辑推理或知识推理的方法解决认知的问题。

具体说来，人工智能包含4个方面：计算、感知、认知、决策。计算机于1946年问世，当时的主要功能是数值计算，当然也就具备计算智能。到1956年，人们在达特茅斯会议上提出，让计算机来模拟人的智能，才正式出现了"人工智能"的概念。人凭借着感觉器官感知外部事物和周围环境，那么，机器可以通过传感器来模仿人的感觉器官，从而感知外部事物和周围环境。过程中产生的信息经过机器的中枢进行加工，实际上是对感知阶段感知到的外部信息进行深层次的加工和处理，这就是机器智能的认知阶段，然后再产生决策。其中最重要的是感知和认知。

计算智能和感知智能有什么区别和联系呢？计算智能的实现，首先需要有问题的数据化，才能有计算智能可以处理的"原材料"。此外，解决问题还需要一定的方法、策略和步骤，这个步骤就是程序，即用计算机语言编程。这些程序告诉机器解决和处理问题的过程，即先做哪个、后做哪个。在计算智能阶段，这个程序需要人工编写，涉及的工作量很大。当发展到感知智能之后，解决了由人工编程工作量大的问题，程序的编制可以由机器自动完成了。

从发展过程来看，程序自动化也经历了从机器学习到深度学习的阶段。数据特征在机器学习阶段是靠人工提取的，而发展到现在，可以采用深度学习的方法，实现数据特征由机器自动提取。需要强调的是，人工智能的计算、感知、认知、决策并不是分立的，而是既有阶段性又有连续性。例如，冯·诺伊曼和图灵都对计算机的发展做出了杰出贡献，当时计算机问世主要解决的是计算智能的问题。但是图灵在那个时代，为人工智能做起了储备，已经提出著名的"测试"问题，预测了下一个阶段的实践，推动了下一个阶段的发展。

感知智能阶段采用了深度学习的算法。这种算法的设想在二十世纪五六十年代就已经有了，但还不完善，同时还没有数据的支撑和算力的支持。直到2006年，被誉为"深度学习之父的"Hinton提出了反向传播算法，解决了训练误差的问题，深度学习才开始崭露头角。2012年，在反向传播算法基础上发展起来的CNN算法，在世界图像识别大赛上，与世界各地的学者推出的各色算法、模型一较高低，成绩突出，其准确率达到85%，高出第二名准确率10%左右，一举拔得头筹。于是这种新算法被世界各国的学者所青睐。

伴随着人工智能技术的发展，当前的感知智能已经进入成熟阶段，正在向着认知智能方向发展。AlphaGo击败了围棋世界冠军，OpenAI Five战胜了人类顶级游戏玩家……这些技术的进步是体现人工智能从感知到认知过渡最好的例子。再看看我们周围，扫地机器人逐渐融入日常家庭，为我们减轻家务劳动；在商场里，指路机器人用萌萌的声音准确地为我们指引方向；在餐厅里，也能看见上菜机器人忙碌的身影……人工智能的应用已经渗透了我们的生活，人工智能的未来已来！

第三章

大数据下的人工智能：前所未有的革命与"破坏力量"

在"618"逛某东，在"双十一"逛某宝，只要你一进入购物界面，系统便会给出相应推荐。你会发现，推荐的东西无论是种类还是价格等方面都非常适合自己，于是你便无意识地逛逛逛、买买买。当你"深夜emo"[①]时，只要你一打开音乐App，各种推荐如潮水般向你涌来……为什么人工智能机器会如此了解用户？这便是大数据的力量。

大数据是一种在获取、存储、管理、分析方面大大超出传统数据库软件工具能力范围的数据集合，具有规模海量、流转快速、类型多样和价值密度低等特征，其本质就是海量的、多维度、多形式的数据。

大数据是结构化数据、半结构化数据、非结构化数据的总和。其中，结构化数据是具有固定格式和有限长度的数据，可以使用关系型数据库表示和存储，可以用二维表来实现逻辑上的表达，如Excel表格就是结构化数据。半结构化数据不同于结构化数据，它不符合关系型数据库的表示和存储，数据的结构和内容混合在一起，没有明显的区分，如HTML文档、JSON、XML和一些NoSQL（泛指非关系型）数据库等。非结构化数据是无固定格式的数据，包括所有格式的办公文档、文本、图片、XML、HTML文档、各类报表、图像和音频/视频信息等。

数据本身量大且杂乱，我们需要对其进行清洗梳理后才能得到有规律的信息，这些信息可视为一种知识。互联网企业利用大数据获取了知识，进一步通过这些知识，看到了潜伏其中的商机。例如，我们使用视频App的时候，刷到的视频都是数据，当开发者对这些数据进行清洗后，就能得出用户对相关话题感兴趣的程度，这些规律便是知识，于是系统就会推荐更多类似的话题给用户，让用户无法停下继续使用的欲望。

---

① 深夜emo指晚上陷入难过、悲伤的情绪。

从2004年Google发布"三驾马车"①至今，大数据已经经历了20年的风风雨雨，从风口到落地再到如今的大规模应用，目前已经成为各大企业尤其是互联网企业的发展基础。早期Hadoop的大力发展，中期Kafka、Spark的异军突起，以及现在Flink的强势突围，不仅推动大数据成为企业应用的关键组成部分，而且为人工智能技术的发展提供了强有力的保障。

2017年国务院发布的《新一代人工智能发展规划》提到，大数据智能理论重点突破无监督学习、综合深度推理等难点问题，建立数据驱动、以自然语言理解为核心的认知计算模型，形成从大数据到知识、从知识到决策的能力。人们常说"大数据"与"人工智能"是燃料与发动机的关系，大数据提供动能。AI提供智能。接下来，我们将着重介绍大数据和人工智能是如何相辅相成的。

大数据技术在数据层面（见图3-1）主要分为数据采集、数据存储、数据访问3个部分。

图 3-1 数据层面

数据采集：主要通过智能硬件、智能传感器、摄像头、话筒等外部数据采集设备来进行。

---

① 谷歌的"三驾马车"：GFs（分布式文件系统）、MapReduce（分布式计算模型）、Bigtable（分布式数据库）。

数据存储：主要将采集的数据存储到数据库中。大数据的存储方式与传统的数据存储方式有很大区别，主要体现在存储格式、存储结构及分布式存储等方面。其中，分布式存储是数据存储中的核心技术。

数据访问：数据访问是连接大数据与人工智能的重要承接层，起着承上启下的作用。数据访问的核心技术是负载均衡，解决了如何让人工智能快速获取数据的问题。

而AI技术层面（见图3-2）主要分为基础算法、AI算法、AI框架和AI分支4个部分，其目的是处理从数据层面获得的数据，利用AI算法等AI技术对数据进行分析，以便后续应用。

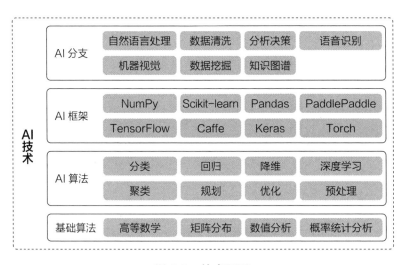

图 3-2　技术层面

基础算法：主要包含高等数学、矩阵分析、数值分析、概率统计分析等，是AI算法的奠基层。万丈高楼平地起，基础算法就相当于整个人工智能"大厦"的地基。只有把地基稳扎稳打地建立好了，大厦才能盖得更高更牢固，所以研究基础算法是重中之重。

AI算法： AI算法与算力、数据并称为人工智能"三驾马车"，是批量化解决问题的手段。它具有可行性、有穷性、确定性、拥有足够多的情报4个特征，是在基础算法之上构建的解决人类问题的方法。目前，AI算法包含分类算法、聚类算法、回归算法、优化算法、降维算法、深度学习算法等，对不同数据的处理和分析离不开算法。

AI框架： 给开发者提供构建神经网络模型的数学操作，把复杂的数学表达转换成计算机可识别的计算图，也是对AI算法的一种封装。只需要调动AI框架并改变参数就可以进行算法训练，在一定程度上加快了开发者构建网络模型的效率。

AI分支： 除了前述人工智能领域中的核心应用技术，这里我们还将补充介绍数据清洗、数据挖掘和分析决策这3项重要的具体处理技术，这3项技术是对数据层面获得的数据进行处理的核心技术。数据清洗是对数据进行重新审查和校验的过程，目的在于删除重复信息、纠正存在的错误，并提高数据的一致性。数据挖掘就是从大量的数据中，提取隐藏在其中、事先不知道但潜在有用的信息的过程，对数据进行分类、聚类、预测等处理，从而获得数据背后的规律，是获取知识的重要方式。分析决策主要是策略制定，通过多维度收集的数据进行某个领域的决策并给出方案。

在解决问题的模块中，大数据和人工智能结合的主要目的是将数据应用到实际生产和生活中，帮助人们解决各种各样的问题。事实证明，这种结合是必要且意义非凡的，将人工智能的发展推向了一个前所未有的时代！

目前，我们接触到的人工智能技术大多是基于大数据的，通过二者的结合，我们解决了分类问题和聚类问题，将数据整齐划一地呈现在开发者面前，有利于对数据的管理和应用；还解决了预测问题和推荐问题，通过对大数据背后规律的研究实现了预测功能，可以利用人工智能来进行天气预测、房价趋势预测、网络流量预测等，这就是为什么有些App能够提前知道用户的想法然后给出下一步推荐的原因；此外，还有决策问题、规划问题、对话问答等。应用层面见图3-3。

图3-3 应用层面

大数据的作用是提供知识背景让机器学习得更多、更好、更完善，让机器在已有的数据里面学习强化。因此，研究数据驱动与知识引导相结合的人工智能新方法，以及数据驱动的通用人工智能数学模型与理论等方式，能极大地促进人工智能在新一波浪潮中稳步向前。

数据挖掘是从大量数据中抽取有用的知识和价值，兴起于1989年，又称数据库中的知识发现。数据挖掘是多门学科知识融会贯通的产物，其中包括机器学习、数据库应用技术、统计学、人工智能等多个学科领域的研究成果，在零售、金融、保险、医药、通信等领域得到了广泛的应用。

数据挖掘又被定义为利用机器学习、统计学习等相关知识和技术，从海量数据中整理、归纳规律，发现高价值模型或数据的手段，提取新颖的、有效的、潜在有用的并且可被理解的模式处理过程。在进行数据挖掘之前，应该先明确数据导向，确定数据挖掘的方向及范围，再实施数据挖掘，以规避数据冗余、数据偏差等问题。数据处理是数据挖掘过程中的重要环节，只有保证数据的准确性和有效性，才能保证数据挖掘的有意义性。数据处理环节又分为数据选择、数据预处理和数据转换。

从数据挖掘的对象来说，数据挖掘后期多会偏向多模态数据挖掘。因为就当前来看，大部分的数据挖掘都是针对结构化数据进行的，但大数据时代背景下，非结构化数据占据主流。如何从非结构化数据中挖掘隐藏信息，是未来大数据领域研究和实践的重点。现阶段，数据挖掘大都基于相应算法展开，其算法过程不易被使用者直观了解，所以数据挖掘可视化具有一定的研究意义。例如，将数据挖掘过程进行可视化处理，可方便用户理解数据挖掘的整个过程，便于用户实施数据挖掘的操作。

信息大爆炸使得各种数据资源迅猛增加，然而数据的增加与数据分析的滞后差值也越来越大，大多数研究者希望通过科学手段挖掘数据的深层价值，因此，数据挖掘成为解决数据分析问题的主流技术。数据挖掘弥补了传统分析方法的不足，有针对性地对数据进行科学化处理。只有及时发现数据中隐藏的有效信息，才能进一步服务于人类的发展，数据资源才能充分被利用，这也意味着大数据时代的真正到来。

第一节　加速和停滞

2016年，被AlphaGo（阿尔法狗）瞬间点燃人工智能的激情与梦想形成了巨大的"人工智能泡沫"，在"风口论"与热钱①的双重加持下，人工智能风光似乎不可一世。但从2018年开始，人工智能的投资热潮开始减退，人工智能创业明星公司的估值被腰斩，大量人工智能公司面临倒闭，似乎人工智能产业已滑落到"绝望之谷"。

其实，人工智能与产业的结合速度还不够快。一方面，人工智能涉及芯片、算法、数据、算力、软件、开发者框架等多个维度的指标，很难进行量化，也不容易形成系统性的合力。另一方面，人工智能的行业落地需要从硬件到应用，从整个生态的视角去完善和盘活。上述原因在一定程度上导致了人工智能发展落地应用的停滞。

人工智能发展的每个时期都会有一个加速和停滞的时期，回看前两次人工智能浪潮，都经历了大起后大跌，这是一项技术发展必须经历的。当数据、算力、技术等方面与社会发展匹配不上，不能达到预期结果的时候，就是该技术要进入发展停滞阶段的预兆。发展停滞不一定是坏事，在发展停滞期间，研究人员更能从过往的发展中发现问题，从而探究新的方案，使该技术上升到更高的层次。

---

① 热钱（Hot Money），指游资或投资性短期资金。

第二节 人工智能技术发展曲线的特殊性

科技发展常会呈现S形曲线，即开始时增长缓慢，到达"引爆点"后突然加速，之后逐渐减速被新的技术替代。曾经的个人计算机、智能手机等都走过这样的发展道路，人工智能的发展历程也不例外。这里主要围绕由美国高德纳公司提出的技术成熟曲线（Hype Cycle）来探讨人工智能技术发展的变化曲线。

人工智能技术发展S形曲线见图3-4。由图3-4可以看出，人工智能技术的发展曲线分为技术萌芽期、期望膨胀期、谷底破灭期、稳步恢复期、生产成熟期5个阶段，每个阶段中出现的新技术和新方法都促进了人工智能从一个时期到另一个时期的转换。

技术萌芽期是早期人工智能技术发展阶段。在此期间，人工智能的概念首次被提出。新技术的诞生总会引起各路媒体的热烈吹捧，人们对其期望值越来越高。不可否认，这个时期的人工智能确实取得了前所未有的创造性成果。例如，第一台工业机器人诞生了，首台聊天机器人也在这个时期登上历史舞台。

每当一项新技术兴起后，总会出现一些关于该技术不理性的观点。人工智能在出现和发展了20多年后，进入了期望膨胀期。在此期间，出现了诸如专家系统等人工智能技术，使智能体向着人类智能的方向迈进了一大步。

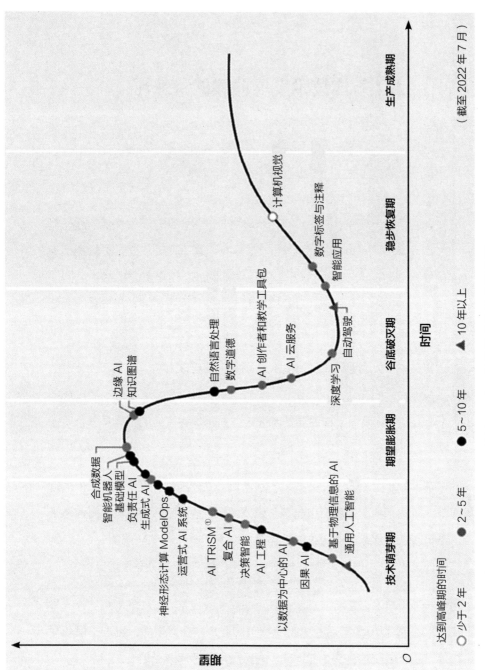

图 3-4　人工智能技术发展 S 形曲线

① AI TRiSM：人工智能信任、风险和安全管理。

从技术的成熟度来看，新生技术的稳定性是薄弱的、优缺点是模糊的。因此，仅凭"一腔热血"和单薄的知识体系无法继续推动人工智能技术的发展，人工智能技术在经历了期望膨胀期后进入了谷底破灭期。

在经历了无数波折后，人工智能技术的发展进入了稳步恢复期。目前，人工智能正处在这一阶段的高潮。这一轮人工智能高潮的出现，主要是由于数据、计算和算法的飞跃。一是移动互联网的普及带来的数据大爆发，二是云计算应用带来的计算能力的飞跃及计算成本的不断降低，三是机器学习在网络领域的推广。

但是，人工智能技术进入生产成熟期，即实现真正意义上的商业落地应用，仍需要一段时间的历练和进步。从人工智能技术的发展历史来看，人工智能技术发展的每一波起伏都受到相关技术的影响。当某一项技术长期未得到进步和创新时，就会迎来低潮期。目前的人工智能在技术极限和商业潜力方面都远超过去的水平，部分领域的人工智能已经取得了很大进展。但业内专家认为，目前的人工智能在机制上还没有向通用人工智能转变的可能性，人工智能的大规模商业化应用将是一个漫长而曲折的过程。在可以预见的将来，人工智能主要起着辅助人类而非取代人类的作用。同时，目前的人工智能严重依赖数据输入和计算能力，离真正的人类智能还有很大差距。

在介绍完人工智能技术发展的S形曲线后，下面谈谈中国的人工智能发展情况。

改革开放40多年来，中国在计算机及人工智能技术领域处于后发追赶并逐步向国际技术前沿靠近的状态，并在人工智能技术的部分领域实现了由跟随者到并行领先的跨越，基本完成了技术追赶过程，我们将这种发展曲线称为双S形曲线（见图3-5）。

在人工智能领域，美国和日本是最早发展人工智能技术国家，具有较大的先发优势且技术发展水平位列世界前沿。中国在落后于先发国家20年的情况下，坚持政策助推、商业模式创新、二次创新、自主创新，在人工智能技术的部分领域实现了自主知识产权产出，达到了世界先进技术水平，在一定程度上实现了技术的追赶。

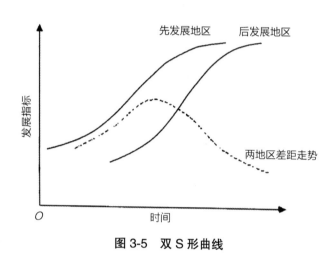

图 3-5　双 S 形曲线

中国在1985年开始有人工智能专利申请数据，而美国早在1965年就拥有了人工智能的专利。美国的人工智能技术起步比中国的人工智能技术早，这与美国雄厚的科技实力和经济实力分不开。

作为世界头号科技与经济强国，美国在互联网、计算机等技术领域一直处于全球领先地位，而人工智能技术作为计算机科学的一个分支，其发展程度与计算机科学和技术的整体发展有直接关系，从而奠定了美国在人工智能技术发展早期的领导地位。此外，美国作为开展人工智能技术研究最早的国家之一，一直领导着全球人工智能技术的发展。因此，其起步早于中国。

虽然中国比美国晚约20年才拥有人工智能专利，但是由于美国在1992年之前的人工智能专利申请数量并不多，先发优势并不明显，所以中美两国人工智能技术水平在前期的差异并不显著。而在1992—2010年，美国的人工智能技术开始迅速发展且发展速度不断加快，而中国在2010年之前处于人工智能技术发展阶段的技术萌芽期（1985—2010年），发展速度十分缓慢。因此，在这一时期，中国与美国在人工智能领域的发展差距不断扩大且在2010年达到峰值，人工智能专利申请数量之差约为1.1万件。作为后起之秀，中国在经历了长期的以技术跟随为主导及以二次创新为重点的时期（2010—2018年）后，依靠后发优势，在2018年，中国的人工智能专利申请数量开始超过美国的人工智能专利申请数量，并且在这个发展趋势能够得到保持的前提条件下，中国的人工智能专利申请将在较长的时间内处于领先状态。

第三节 人工智能 "野蛮生长" 带来的行业挤压

大数据赋能人工智能技术下的智能体并不能完全像人类一样解决所有问题，以及具有共情能力或创造能力。它只是用于更好地解决某一方面问题的机器，我们用 "辅助" 和 "替代" 来描述其功能。

在第三次人工智能浪潮下，大数据的加入使人工智能应用进入了快速发展时期。技术的进步是社会经济发展和科技创新的重要驱动力，致使人类社会发生前所未有的变化。如今的人工智能技术正在逐渐推动新一轮的产业结构变革，其催生出来的新技术、新产品、新服务模式等正在慢慢渗透社会生活、改变社会产业链，这将给各行各业带来一定的冲击与挤压。

在人工智能技术逐渐成为产业主流技术之一的时代里，哪些行业最容易受到挤压呢？答案是容易被人工智能替代的工作。相关数据显示，最容易被人工智能取代的工作形式大致有以下几类。一类是需要重复做的工作，这类工作完全可以由人类在机器程序中设定好相应的操作步骤，然后由机器按照规定的操作步骤不断执行任务，在这种情况下，机器完成的效率和质量可能优于人工水平。另一类是跟人类不接触或者接触较少的工作，此类工作不需要人类过多地参与，避开了机器不具备情感这一问题，所以可以用机器来替代此类工作。除此之外，在相对结构化的（简单的、有层次的、有流程架构的集合）、固定环境中的工作也更容易被人工智能取代。

这些易于被人工智能取代的工作反映人工智能对该行业的挤压。例如，由于上菜等服务是一直在重复进行且不需要与客人进行过多交流的服务，所以越来越多的服务型机器人被开发生产出来应用于餐饮行业。多种制造业在人工智能技术的影响下也迎来了一定变革，如流水线上的部分工作人员被机械臂或机器人替代，此类工作重复性极高且交流少，所以该行业容易被人工智能挤压。

除了上述容易被人工智能产品替代的行业将受到挤压，不容易被人工智能替代的行业受人工智能的影响也不容小觑。

要想知道哪些工作不容易被人工智能替代，就得思考人工智能不能做什么。现阶段来看，人工智能不能替代人类的工作大概有以下几类：

人工智能没有战略性跨领域的思考能力，不具有顾全大局的能力，它所能完成的工作只有学习过的，所以人工智能应用于政治、领导、公关、法律等行业的优势有限。

人工智能无法解决突发性情况或者未在程序中学习过的情况，然而有些行业需要适应多种工作环境及面对变化性极强的事件，所以人工智能在临床手术、飞机驾驶等场景中只能辅佐人类的工作，不能完全替代人类的工作。

由于人工智能不具有情感，因此在一些需要与人类频繁打交道、进行情感互通的行业，人工智能就相形见绌了，如教育、医护、志愿服务等行业。

此外，在比较传统的手工制造业，人工智能也无法大显身手。例如，中华刺绣所需的工艺精湛细腻，还需要刺绣者加入自己的思考和审美，这种工艺很难被人工智能复刻出来。

那么，是不是未来这些不容易被取代的行业就能避开人工智能带来的行业挤压呢？显然不是，虽然这些行业不容易被人工智能取代，但是人工智能也在不断发展变化。

以教育行业为例，在2022年的北京冬奥会上，徐梦桃在自由式滑雪女子空中技巧赛中为中国代表团添金。她选择的是难度系数为4.239的动作，在空中完成了3个连续360°转体后稳稳地落地，这一高难度动作使全世界为其喝彩。在她辉煌战绩的背后，一个名为"观君"的人工智能系统引起了人们的注意。

"观君"是小冰公司研发的一款人工智能裁判与教练系统，是徐梦桃的人工智能虚拟教练。早在2019年，"观君"就已经成为自由式滑雪空中技巧运动队的一员，它的核心任务是提高运动员的训练效率。该系统依托小冰公司全球领先的计算机视觉及完整的框架技术，首创了"小样本、大任务"的冰雪运动分析模型，为教练员和运动员提供实时、专业的评判及指导意见。在对运动员的训练方面它功不可没，在当裁判方面它也能独挑大梁。它成功地完成了个人预决赛、超级决赛、团体预决赛共44人次的执裁，获得了国际雪联、冬奥组委、国家体育总局冬运中心的一致认可。

此次夺金里程碑事件，标志着人工智能系统在竞技体育领域已迈入成果落地阶段，有望在未来不断普及，扩展至更多领域。由此可见，人工智能已经能够胜任一些很难替代的行业中的工作，这无疑对这些行业会造成一定的挤压。人工智能落地应用行业及其占比见图3-6。

《最强大脑第四季》节目中的百度机器人"小度"是机器学习的一个例子，它在与人类PK（对战）时能够通过对一个问题的计算得出多个结果，然后从中筛选并输出正确率最高的答案，在与人类的较量中多次获胜。具有深度神经网络的"小度"已经具备了处理问题的逻辑思维，并且似乎已经拥有了人类大脑所具有的"直觉思维"，它能够不断地对投喂的数据进行处理和提炼，将提炼出来的信息转化为自身的知识，并在解决实际问题的时候进行类比和调用。

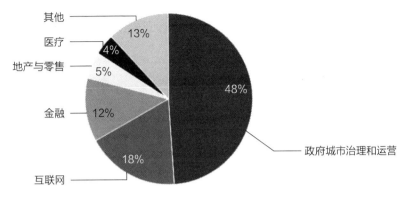

图 3-6 人工智能落地应用行业及其占比

这样看来，人工智能在某些方面已经超越了人类水平，各行各业都有可能因人工智能的日益强大而倍感压力。

总而言之，人工智能的发展对各行各业都存在一定的影响，在这种影响下，有的行业更新换代，焕发出新的生机；有的行业则日渐萧条，逐渐淡出市场。我们无法也没有理由去拒绝这种改变，我们能做的只有在人工智能日新月异的时代不断更新和发展自我。俗话说"三百六十行，行行出状元"。在人工智能对行业的影响下，我们要发展得更好，只有提高自己的价值，才能与时俱进，在自己的行业里成就精彩。

第四节　人工智能垂直应用于金融、安防、医疗、教育行业

　　人才稀缺、莫拉维克悖论、算力限制、数据稀缺、神经网络的黑盒属性等一度阻碍了人工智能垂直应用发展的步伐，但随着云计算、大数据等技术的不断发展和国家对智能化产业的重视，目前的人工智能正在逐步"向阳生长"。从AlphaGo开始，人工智能走入大众的视野，越来越多的应用开始落地开花，成为辅助社会发展的一大"法宝"。人工智能机器人见图3-7。

图 3-7　人工智能机器人

下面介绍目前比较火热的一些人工智能的落地应用。

1. 金融

金融行业中的人工智能呈现广泛应用且快速发展的趋势。金融创业公司的一个共同点是，它们正在使用人工智能应对当今金融行业所面临的挑战。很明显，人工智能正在帮助人们简化当前流程并提高效率。人工智能的迭代将会引入全新的服务和解决方案，从而颠覆当前的金融服务。这种颠覆可能包括消除欺诈（颠覆欺诈跟踪服务）、即时信贷（颠覆信用模型服务）、自主和个性化财务顾问（颠覆金融咨询服务）等。目前，可以运用在金融行业的技术主要包括深度学习、知识图谱和自然语言。在这3种技术的赋能下，人工智能在金融行业垂直方向的应用越来越多，如智能客服、无人柜台、金融监管等。海量的金融数据为人工智能的使用提供了强有力的支撑，使其广泛应用于支付、保险、财富、风控、微贷等金融服务中。

2. 安防

安防是人工智能目前落地应用最多的行业，在我国城市化进程不断加快和城市人口稳定增长的背景下，城市运行系统变得日益复杂。因此，社会治安带来的新需求不断上涨，"AI+安防"开始了它的落地应用。

相关资料显示，2022年，中国安防行业市场规模达到近万亿元。工业和信息化部发布的《关于开展2020年网络安全技术应用试点示范工作的通知》提出，"结合智慧家庭、智能抄表、零售服务、智能安防、智慧物流、智慧农业等典型场景网络安全需求，在物联网卡、物联网芯片、联网终端、网关、平台和应用等方面的基础管理、可信接入、威胁监测、态势感知等安全解决方案。"[①]《中华人民共和国国民经济和社会发展第十四个五年规划和2035年远景

[①] 此处为《关于开展2020年网络安全技术应用试点示范工作的通知》中，"新型信息基础设施安全类"重点方向。

目标纲要》提出，培育壮大人工智能、大数据、区块链、云计算、网络安全等新兴数字产业。2021年，《"十四五"推进农业农村现代化规划》提出，要充分依托已有设施，提升农村社会治安防控体系信息化智能化水平，推进农村社会治安防控体系建设，加强农村警务工作，推行"一村一辅警"机制，扎实开展智慧农村警务室建设。同时，《"十四五"城乡社区服务体系建设规划》中提出，要开发社区协商议事、政务服务办理、养老、家政、卫生、托育等网上服务项目应用，推动社区物业设备设施、安防等智能化改造升级。多重政策的叠加支持为"AI+安防"的落地应用指明了方向。

安防应用涉及公安、交通、家庭、金融、教育等极其丰富的场景，影响范围较为广泛。无论是个人信息安全，还是家庭、社区、社会乃至国家安全等都对"AI+安防"产品提出了迫切需求。"AI+安防"在满足政府需求的基础之上，逐渐走向民用服务领域。在安防行业应用较多的两个技术是识别技术和认知技术（见图3-8），通过各种摄像头采集数据，将采集到的数据输入智能体进行识别和认知分析，可以得到人们想要的信息。

"智慧公安"是"AI+安防"应用最早、最成熟的领域，也可以称为重点人员管控系统。"智慧公安"利用物联网技术进行身份、车牌、人脸、手机、指纹和声音等信息的录入和采集，并将信息传输至平台，与公安已有的数据资源融合，进行人员管控、大数据深层挖掘和智能研判应用，实现对嫌疑人员的全方位、立体式管控，提高社会治安防控水平，提高民众对社会治安的满意度。目前，公安系统中传统的信息管理正面临着重大的变革，对健全的公安管理体系的需求日益强烈，同时就公安基层工作而言，"AI+安防"意义深远。针对新时代城市的建设要求，人工智能技术中的图像采集、深度学习、大数据分析等与公安治理融合得较多。在这些技术的加持下，公安部门能够更快、更精准地对案件进行分析和调查，真正实现了基础信息化、警务实战化、执法规范化、队伍规范化，紧紧围绕高水平建设法治公安为目标，积极构建完备的执法制度体系、严密的执法管理体系和严格的执法责任体系。

图 3-8 识别技术和认知技术

以筛选犯罪嫌疑人为例，传统的方式是从历史和即时的影像中进行人眼判别，这种方式效率很低，而且会受到很多外界因素的影响。在数据信息量很大的情况下，这种处理方式无异于大海捞针。"智慧公安"通过人工智能的方式，让计算机在众多影像资料中进行多特征识别，利用先进的深度学习技术，快速准确地识别个体的各种重要特征，如性别、年龄、发型、衣着、体型、是否戴眼镜、是否戴帽子，以及随身携带的物品等特征，这样便能很快地筛选出犯罪嫌疑人，提高公安部门的办案效率。

3. 医疗

随着人工智能领域中语音交互、计算机视觉和认知计算等技术的逐渐成熟，人工智能技术与医疗行业的融合也在不断加深。目前，人工智能的应用场景越来越丰富，人工智能逐渐成为影响医疗行业发展、提升医疗服务水平的重要因素。

人工智能与医疗结合的应用场景主要有电子病历、影像诊断、医疗机器人、健康管理、药物研发等方面。电子病历利用了自然语言处理技术和语音交互技术，人工智能系统可以自动生成电子病历，便于长期保存，解决了患者方言交流难、病历丢失、医生处方字迹潦草等问题，提高医生的办公效率，也提高了患者看病的满意度。影像诊断利用了计算机视觉技术和图像处理技术，辅助医生分析患者的病情。医疗机器人应用于医院、诊所等医疗场景。健康管理利用大数据分析技术和智能终端技术，帮助患者制定合理的饮食方案，助力提高患者健康水平。在药物研发方面利用人工智能进行文献阅读分析和推理，通过数据得到更好的治疗方案。

4. 教育

2017年7月，国务院正式印发《新一代人工智能发展规划》，强调利用智能技术加快推动人才培养模式改革和教学方法改革，构建包括智能学习、交互式学习在内的新型教育体系。2018年4月，教育部出台了《高等学校人工智能创新行动计划》，倡导推进智能教育发展，探索基于人工智能的新教学模式，重构教学流程，并运用人工智能开展教学过程监测、学情分析和学业水平诊断。人工智能技术将赋能人才培养，促进教育行业迈向人机合作的高质量教育教学新时代。

智能助教一般指那些能够对教师日常的教学、教研、专业发展等进行辅助的人工智能应用，可为教师与学生提供有效的学习支撑、精准的学习内容提炼及多元化的教育服务。智能助教也是人工智能家族的一员，它能够在课堂上帮助老师维持课堂秩序，还能担任班级班长一职，负责上课起立等工作，此外，它还有能力完成自动出题与批阅、课程辅导与答疑、智能教研等任务，极大地解放了教师的精力，让老师把更多的精力和时间投入到学生的全面发展中。

人工智能技术在教育行业的应用仍处于萌芽阶段，并且在多个方面存在技术瓶颈。但是相信在国家战略的积极推动下，我们一定能发现人工智能在教育行业的妙用。教育行业的人工智能化并不是平地起高楼，而是跨越各个学科、各类专业知识，并将它们融会贯通后逐渐形成的一种趋势。人工智能带来的社会变革不可能一蹴而就，现在我们看到很多之前不可能的事情逐步变成现实，我们也慢慢进入一个较为智能化的时代。相信在不久的将来，智能化的浪潮会让人们的生活发生翻天覆地的变化。

第五节　传统行业如何应对来势汹汹的人工智能

　　传统行业是指劳动密集型的、以制造加工为主的行业，如制鞋、制衣、光学、机械等行业。传统行业的信息传递和资源匹配需要科技的力量，然而传统行业又缺少这些技术，这是传统行业目前面临的行业困境。也正是由于这一痛点的存在致使很多传统行业出现发展停滞或者减慢的现象。在大数据、云计算、区块链、人工智能等高新技术发展应用越来越广泛时，传统行业应积极拥抱人工智能等技术。

　　一方面，秉承"打不过就加入"的原则进行持续发展，该方式的核心是技术升级。部分传统行业欠缺的是科技的支持，导致发展乏力。要是我们能引入人工智能技术，传统行业便有可能找到新的增长点。

　　另一方面，秉承"打不过就学习"的原则来发展传统行业，该方式的核心是技术转型。部分传统行业在技术上确实存在很大弊端，甚至有些对自然环境、社会环境会造成一定的危害，如农业、化工厂加工制造业等行业。这些行业使用的传统技术所带来的水土流失、土质污染、空气污染等问题势必会阻碍其发展，然而这些产业的产物又是社会发展和人类生存不可或缺的因素，因此，需要注入人工智能的力量使其发生技术转型。

1. 智能制造

智能制造技术是建立在现代传感、互联网、全自动化、拟人智能等最新技术的基础之上的，通过智能识别、人机交互技术、决策和执行技术，从而达到设计流程、制造流程的智能化，可以说是信息技术、智能技术和设备制造技术的全面结合和集成。智能制造将制造自动化变得更加智能和高度集成，以关键制造环节实现智能化为目的，通过"端到端"的数据流为基础，互联网的连接为技术支持，可以缩短产品的开发周期，减少资源能耗，大幅度降低运营成本，从而明显提高生产效率和产品的品质。在智能制造赋能下，人与人、设备与设备、人与设备之间的关系不再是一片"孤岛"，各种生产时的数据被机器采集上传，经人工智能处理和分析后传达到工作人员的手里，帮助他们进行决策，节省了大量的人力、物力。引入人工智能技术后，生产活动由自动化生产集成系统控制，生产线上配备智能机器人或者生产设备，可24小时进行工作，既提高了生产的质量和效率，又减少了生产过程中的能耗和产生的废物。

2. 智慧农业

智慧农业也很好地体现了技术转型这一解决方案在发展传统行业中的作用。智慧农业是我国智慧经济的重要组成部分，并且处于我国现代农业发展的高级阶段，也是一种新型的农业发展模式，其主要目标是研制开发智能化农业装备、农机田间作业自主系统、农业智能传感与控制系统、农业大数据智能决策分析系统等。目前衍生出来的产物有智能牧场、智能果园、智能农场、农产品加工制造、农产品绿色智能供应链等数不胜数的项目。这些项目很好地改变了传统"日出而作、日落而息"的耕种方式，采用大数据分析与决策的方式来寻找最佳耕种时间。这些项目极大地减轻了农民的负担，希望"锄禾日当午，汗滴禾下土"的辛苦不会再困扰着以农耕为生的家庭。总体来看，我国的智能农业发展还局限在部分集中产业，并没有得到很好的推广。相信在不久的将来，随着技术的成熟，智能农业将成为我国一道靓丽的风景线。

推动人工智能与各行各业融合创新是行业发展的重中之重，传统行业在加入人工智能技术后也将不是所谓的"夕阳产业"，终将焕发生机，与新兴产业一较高下。

第六节 能源行业拥抱人工智能技术

能源行业是最为传统的行业之一，从古代的钻木取火到煤炭，再到石油、太阳能等现代能源，能源行业不断发展与更新着。人类的一切活动都离不开能源的加持，能源推动着技术进步和人类福祉的发展。近些年来，由于世界人口数量的稳定增长（预计到2050年将达到近100亿人）和产业的迅猛发展，传统能源行业的劣势逐渐凸显。

为了使能源供应与需求保持一致，能源数字化、智能化转型迫在眉睫。因此，对于资源和新能源的决策和管理变得至关重要，如果决策不准确，可能会对人类社会产生巨大的影响，如导致能源短缺或者严重的社会危害。

人工智能技术因其具有解决复杂问题时高效、全面的优点而"出圈"。广泛使用的数据收集器和传感器收集到了大量能源方面的数据，人工智能技术可以对这些数据进行知识挖掘，对能源行业中的系统模型进行构建，从而提高效率并降低成本。从石油到天然气再到可再生能源的主要能源参与者都在转向人工智能，以简化运营。目前的人工智能技术，如机器学习、深度学习、模糊逻辑、自然语言处理等，为能源系统在设计、模拟、预测、控制、优化、评估、监测、故障诊断及需求侧管理等方面的应用提供了绝佳的工具。

以下是常见人工智能技术在能源行业的相关应用。

1. 机器学习

机器学习的实质是数据的智能分析与建模，以期从数据中挖掘有价值的信息。在能源行业，机器学习可应用在实现电网工程的可视化、辅助电厂优化电网内部设置等。机器学习的三要素是数据、算法和模型，在这三要素的加持下，机器在学习中逐步获得了像人类一样的思考能力。

例如，电力系统监测时，机器学习在系统中需要做到对出现的故障进行检测和定位、识别电网中的安全隐患，以及识别是否出现异常攻击。而在能源供应链优化中，石油和天然气等特定能源的供应链复杂，涉及环境回收公司，以及液化石油气、天然气的生产商和分销商。在采购、运输、定价等业务中，机器学习算法可辅助协调运营团队与仓库，以确保关键产品（如加注罐）的可用性；辅助能源公司预测电力、天然气的市场价格；支持开展液化天然气业务的公司进行适当规划、最佳路线选择等；帮助炼油厂预测最佳需求、评估价格并改善客户关系。此外，机器学习算法有助于企业适当开展计划和调度、优化能源价格、创建智能仓库、维护库存、处理更换资产的运输操作及缩短交货时间等，从而降低总体费用。

除此之外，开发者还可以通过机器学习中的建模来预测能源供给或消耗。通过对以往数据进行学习，研究样本数据，找出其背后的规律并根据该规律建立模型和映射函数，之后就可以对未知的数据进行估计，从而实现预测的功能。机器学习具体在能源领域的预测应用体现在电力需求预测、智能电网负担预测、天然气需求预测、原油价格预测等。有了这些预测数据，开发者便可有针对性地对相应产业进行调整和优化，使能源产业链的各项利用率尽可能达到最高。

2. 自然语言处理

自然语言指日常生活中使用的语言。自然语言处理可将输入的语言信号变成有意义的符号和关系，然后再进行处理，最终实现人机交流。自然语言处理的概念最早于20世纪50年代被提出，当时的自然语言处理技术主要采用基于规则的方法，规则不可能覆盖所有语句，技术难以实用化，因此发展缓慢。到20世纪80年代末期，机器学习算法被引入自然语言处理，自然语言处理技术得到进一步发展。近年来，自然语言处理在词向量表示、文本的编码和反编码技术，以及大规模预训练模型上的突破极大地促进了相关研究。自然语言处理应用包括机器翻译、文本摘要、文本分类、文本校对、信息抽取、语音合成、语音识别等。

在电厂机组运维过程中有着大量以自然语言形式承载的检修数据、巡检记录、实验报告、可靠性分析记录等，但由于运维资料数量庞大，其中数据格式、来源不一，技术人员在查找和分析时存在困难，难以充分利用数据。而自然语言处理技术可以将数据统一转换为三元组结构，并利用大数据进行分析和推理，具体可表现在以下几个方面。

（1）文本信息抽取

该技术可以应用于电网招标文档数据的结构化整理，适用于电网企业说明文档的检测管理及检测警报等任务。

（2）文档相似度分析

该技术运用于电网维修行业，维修人员可以通过提问或关键字搜索的方式，对信息量庞大的电网维修说明文档进行快速检索。系统找到精准的相关内容并生成说明内容后，将信息返回维修人员。

（3）知识图谱

该技术主要针对知识类文本数据组建图数据库，从而实现检索功能和智能辅助决策功能。通过图数据库提升文本信息的检索质量，可应用于电网管理监控、电网知识类智能问答客服等场景。

（4）情感识别

该技术主要依靠长短期记忆（LSTM）算法，对相关业务对话语料的上下文信息进行学习，结合对话中的语境信息，判断对话中所表达的正面或负面情绪，进而理解对话内容与对方的意图。

自然语言处理在电网行业中的应用已颇有成效，如电网监测报警系统、智能电网检修问答系统、渠道客户偏好分析系统、智能电网招标资料查重系统等一系列系统的落地应用，成为人类管理电网行业的"左膀右臂"。

（1）电网监测警报系统

传统的电网监测警报系统无法在短时间内对发生的警报事件做出准确的判断。而通过自然语言处理技术对报警信息文本的特征进行分析和整理，并做好预处理工作。基于Word2Vec模型对监测警报信息进行矢量化，最后，针对监测报警信息的特点，建立基于LSTM和CNN组合的监控警报事件识别模型。这样一来，准确而及时的电网监测警报系统得以部署。

（2）智能电网检修问答系统

通过机器阅读理解技术将电网安规的文档进行读取和分析，然后建立文档段落索引。电网维修人员可以通过自然语言问答的形式提出问题，并得到相关的答案指导。当维修人员提问后，智能电网检修问答系统先在索引里搜索相关段落，再从找到的段落中读出答案。搜索返回的是段落，智能电网检修问答系统将段落内容转成回答短语，输出给维修人员。智能电网检修问答系统会理解文本内容，之后再抽取原文的一部分内容作为答案输出。智能电网检修问答系统依赖BERT模型^①，可以预测哪一段来回答这个问题。

（3）渠道客户偏好分析系统

对渠道客户的管理是电网行业中的一个重要环节。通过自然语言处理技术，电力公司对渠道客户的管理工作得到了有效的提升。渠道客户偏好分析系统能够从客户对接业务项目的文本信息中识别客户对各种渠道使用的喜好程度、客户与电网企业交互的活跃程度、客户关注偏好类别，有针对性地引导客户进行渠道转移，减少渠道服务成本。自然语言处理技术还能从客户服务相关的语料数据中进行客户投诉倾向分析（指识别客户投诉特征及变化规律），对营销业务、客户基础信息与客户投诉之间进行关联分析。结合客户服务历史及历史满意度评价情况，对服务过程中因服务行为等由服务质量引起的投诉和满意度评价较低的信息进行分析，找出关联关系。

（4）智能电网招标资料查重系统

电网公司在项目招标采购过程中，一般要对招标资料进行查重工作，在历史项目资料库中查找是否存在类似项目，以防止项目重复招标的情况发生，避免资金浪费。智能电网招标资料查重系统可在海量的历史项目资料库中快速找出与目标文档相似的项目，并计算文档相似度百分比，辅助招标采购人员判断招标资料是否合规。智能电网招标资料查重系统的研究与应用，对规范电网公司项目招标采购管理具有重要的实用价值。

3. 大数据

大数据是人工智能等新兴数字技术的基础。大数据技术以整个数据集合为研究对象，可对不同来源、不同形式的数据进行分析，揭示模式、趋势和关

---

① BERT 模型：全称为 Bidirectional Encoder Representation from Transformers，是一个由 Google 公司于 2018 年提出的预训练模型。

联，以便系统地提取有价值的信息。大数据可以分为以组织数据库为代表的结构化数据，以及物联网设备产生的图像、视频、音频等非结构化数据，极其庞大和复杂，传统的数据处理技术无法对其进行分析，结合云计算的大数据分析技术提供了解决方案。随着能源行业科技化和信息化程度的加深，以及各种监测设备和智能传感器的普及，大量与石油、煤炭、太阳能、风能等相关的数据信息得以被存储下来，为构建实时、准确、高效的综合能源管理系统提供了数据源，可以让能源大数据发挥作用。此外，能源行业基础设施的建设和运营涉及大量工程和多个环节的海量信息，而大数据技术能够对海量信息进行分析，从而提高能源设施的利用效率，降低经济和环境成本。最终在实时监控能源动态的基础上，利用大数据预测模型，解决能源消费不合理的问题，促进传统能源管理模式变革，合理配置能源，提升能源预测能力，为社会带来更多的价值。

能源大数据的目的是将电力、石油、燃气等能源领域数据进行综合采集、处理、分析与应用。该技术的兴起带来了很多好处，在能源规划、能源生产、能源消费等方面有着举足轻重的作用。能源大数据能推进能源市场化改革和能源系统智慧化升级，是贯彻落实国家"互联网＋"智慧能源发展的重要手段，能够催生智慧能源新业态，有益于政府实现能源监管、社会共享能源信息资源等。

在能源行业中，能源大数据的应用主要集中在电网、石油、燃气等行业中。在智能电网中，大数据实时监测技术能够实现对用电量的监测，提取用电特征，辅助电厂调整供电方案，更好地服务用户。在石油勘探中，利用大数据平台能够辅助炼油厂提高炼化效率，也可帮助下游经销商挖掘消费规律，从而优化库存，做出更好的销售决策方案。

根据大数据分析得出来的结论，电厂可以制定错峰供电方案，对高峰期的用电进行限制，这样部分用户就会选择在电力成本低的时候使用，从而避免了高峰期电力负荷过重的情况。利用大数据技术对风电机进行监测，对其周期性及实时数据的采集和分析能够生成警报，以保证电厂安全，提供给维护人员可视化的信息，辅助管理数据，优化电厂的部署。

在能源系统的运维方面，基于广域量测数据的态势感知技术已应用于智能电网的输配电站的在线运营维护，可实现实时事件预警、故障定位、振荡检测等功能。此外，风电、光伏等可再生能源电站硬件繁杂、选址分散，需借助大数据技术根据机组回传数据，分析监测各零件的磨损、疲劳情况，在线预测和判定设备的运行状态，有助于简化大规模监测系统的部署，及早防范潜在的故障因素。

在能源消费领域，随着能源消费侧的可再生能源渗透比例不断提高，以及微电网系统的逐渐成熟，能源用户从传统消费者的角色向产消者①的角色过渡。有效整合能源消费侧可再生能源发电资源，充分利用电动汽车等灵活负荷的可控特性，以及参与电力市场的互动交易并实现利润最大化，是目前大数据技术在能源消费领域研究的热点问题。

国内外已对能源消费侧的大数据技术实际应用开展了有益的探索。例如，美国的C3Energy公司和Opower公司运用大数据技术开发了分析引擎平台和用能服务平台，为用户提供用能服务，为实现需求侧响应提供重要支撑。又如，德国的E-Energy项目为促进可再生能源预测、能源服务商业模式的开发及能源交易等提出了基于大数据技术的有效解决方案。

随着时代的发展，能源行业科技化在不断地深入，伴随着各种监测设备和传感器的普及，大量能源行业的信息数据得以保存下来，形成动态更新的数据库，为构建及时、准确、高效的综合能源管理系统提供了数据源。除此之外，能源行业的基础建设信息及工程运行中也存在海量的信息，这些信息背后反映

---

① 产消者指参与生产活动的消费者，由阿尔文·托夫勒在《第三次浪潮》一书中提出。

的是该基础建设的设备情况，以及运行过程中的效率和问题等一系列有价值的"宝藏"，这些"宝藏"能够帮助人们提高能源设施利用率，降低经济和环境成本。最终在实时监控能源动态的基础上，利用大数据预测模型，解决能源消费不合理的问题，促进传统能源管理模式变革，合理配置能源，提升能源预测能力等，从而为社会带来更多的价值。

4. 计算机视觉

计算机视觉技术赋予机器"看"的能力，同时通过图像拍摄装置，将被拍摄的目标转换成图像信号，传送给后续图像处理系统，对这些信号进行各种运算，以完成对目标特征的提取。计算机视觉开始于20世纪50年代，主要用于二维图像的分析处理，到现在，计算机视觉已经历了4个阶段：马尔计算视觉、主动和目的视觉、多视几何与分层三维重建、基于学习的视觉。目前，基于学习的视觉是研究的热点。

计算机视觉包括图像分类、目标识别、目标追踪、图像分割4种关键性技术。图像分类是指计算机判断图片"是什么"或"属于什么类别"，是计算机视觉的核心。目标识别主要解决"图像中有什么"和"在什么地方"这两个问题。目标追踪通过对图像进行目标检测定位后的结果，来提取图片中的信息，进而进行状态的分析等。图像分割是将图像分割为多个子区域的过程，通过对互不重叠的子区域进行标记与分类，简化或改变图像的表现形式，便于对图像进行理解与后续分析。

随着人工智能技术的不断发展与进步，计算机视觉与人工智能的结合是大势所趋并且应用广泛。在能源行业里，计算机视觉可用于进行能源勘探、地质探寻等任务，向人类反馈人眼看不到的信息。例如，计算机视觉可用于读取变电站和其他设备的模拟仪表。除检测异常外，计算机视觉还可保障工作场所的安全。例如，深度学习算法可以通过实时分析视频发现违反安全协议或入侵工作区的行为，并提醒员工注意危险。

在人工智能领域运用计算机视觉技术，有利于完善和优化人工智能技术，可以提升计算机视觉系统的敏锐度，增强计算机视觉功能。计算机视觉能够赋予人工智能描述、观察及理解功能。同时，在这个前提下，计算机视觉还可以增强其他感官的输入功能，从而增强了人工智能的认知能力。从各种因素可以表明，人工智能技术与计算机视觉技术是一种"你中有我，我中有你"的模式。

计算机视觉主要是对图像进行处理。生活中的图像主要分为静态图像和动态图像两种类型，静态图像是指静态的照片、图像等画面，动态图像是指视频或者动态图。计算机视觉技术在处理静态图像上已经发展得非常完善了，相关算法多种多样，大部分的算法精度较高，但是在处理动态图像时稍显棘手。人工智能可以辅助人们处理海量的视频数据，因此，将二者结合起来是一种绝佳的办法。在精准辨别动态图像的过程里，合理利用人工智能技术能增强计算机视觉的辨别能力，帮助计算机视觉达到理想的辨别效果。计算机视觉利用传感器等设备来拍摄和收集场景中的数据，利用人工智能技术来分析这些数据，从中提取数据并进行分类等。总之，在计算机视觉中运用人工智能技术，有助于提高图像信息收集的高效性和信息的准确性。

具有计算机视觉的摄像头可以自动读取油位计、绕组温度计和SF6气体密度计的信息，其原理是使用颜色分割来检测指针和刻度标记的位置。该方法比人工读取信息更快、更准确，有助于避免危险事故和代价高昂的生产中断。传统的光学气体成像（OGO）检测甲烷泄漏的方法是劳动密集型的，并且在没有人工操作员判断的情况下无法提供泄漏检测结果。使用CNN进行光学气体成像的计算机视觉方法，对甲烷泄漏图像进行训练以实现自动检测，该方法简化了泄漏检测分析流程，准确度高达95%～99%。除此之外，计算机视觉也能够辅助开发者观测更多人眼所不能及的信息，如石油或天然气管道大规模检查、远程油气田监测、地质和能源勘探等，从而在研制开发产品和开展专业工作的时候能够制定更为优质的方案，在节约能源、合理利用能源方面有着更为精彩的设计。

5. 机器人

机器人技术是计算机科学和工程学的交叉学科，涉及机器人的设计、建造、操作和使用。机器人可通过感知、移动等操作，展现近似于人类的智能水平，可扩展人类在时间、空间、环境，以及精度、速度、动力等方面受到的限制。目前，智能机器人已在各种能源设备的设计、制造和生产过程中发挥着越来越重要的作用，如太阳能电池板和风力涡轮机。在可再生能源领域，机器人和自动化正越来越多地渗透到整个行业，如风能、太阳能、核能、生物装置和水力发电，辅助完成能源系统检测和维护等多种任务。此外，智能巡检机器人、油罐涂装机器人、锅炉巡检机器人等应用可实现基本的人工遥控作业，有效减少了作业人员的劳动量，提高了工作效率，解决了人工操作受限和人员安全风险等问题。

6. 模糊逻辑

模糊逻辑是建立在多值逻辑基础上的人工智能基础理论，是运用模糊集合的方法来研究模糊性思维、语言形式及其规律的科学。对于模型未知或不能确定的描述系统，模糊逻辑可以应用模糊集合和模糊规则进行推理，实行模糊综合判断。在能源行业，模糊逻辑可以用于处理不完整的油气田地质数据，从而优化勘测模型，推理出更精细的地质构造情况。

第七节 人工智能垂直应用于能源行业

随着全世界工业的发展，大量的碳、石油从地下被挖掘出来并使用，导致大规模温室效应气体的产生，加之处理不当易造成空气污染、全球温度升高、海平面下降等一系列自然危害。在日益严重的极端气候驱动下，世界各国都在制定目标以减少化石燃料的排放，对清洁能源的强劲需求推动着世界能源系统的变化和能源行业的转型。

2030年前实现"碳达峰"、2060年前实现"碳中和"（简称"双碳"目标）是我国经过深思熟虑做出的重大战略部署，也是具有世界意义的应对气候变化的庄严承诺。近几年，我国提出的"双碳"目标一直是能源行业关注的重点。实现"双碳"目标的最主要方向是能源系统转型，促进能源电力系统低碳化、电气化、智能化，以及（无法电气化的领域）低碳燃料转化、开发新能源及应用负排放技术是2060年前实现"碳中和"的基本路径。

在世界能源系统转型的过程中，人工智能技术"出圈"，在能源行业中的应用广泛，能源产业链中引入人工智能技术是众望所归。接下来，将继续对本章第六节中提到的人工智能技术来展开介绍更多与之相关联的例子，方便大家更好地建立一个智能化的能源体系。

1. 智能电网

风能、太阳能等清洁能源的开发利用以生产电能的形式为主，由此可见，电力的发展对于全球"脱碳"具有重要意义，而且可再生的清洁能源反过来又可以为运输和建筑电力部门的新负载提供动力，减少电力部门的排放。

传统电网（见图3-9）通常指由发电厂、电力输送网络及电力用户组成的整体系统，其包括发电、输电、变电、配电和用电的整个电力输送和消费流程。由于电力系统容易受到自然灾害的影响破坏，为确保所有用户能够相互独立地使用电力和提高供电可靠性，通常把水电厂、火电厂、核电厂等多种类型的发电厂以及发电设备和电能用户组成统一的电力网络。在电力到达终端用户前，电要经过变电、输电和配电等步骤，即电能从发电厂出发，通过升压变压器升压，进入高压输电线路，再经过降压变压器降压，配电给终端用户。

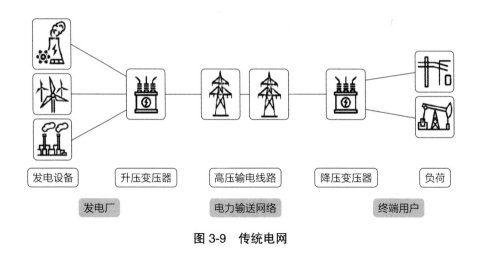

发电设备　　升压变压器　　高压输电线路　　降压变压器　　负荷

发电厂　　　　　　电力输送网络　　　　　　终端用户

图 3-9　传统电网

随着太阳能和风能等不稳定发电厂数量的激增，管理众多电网参与者和平衡电网变得极具挑战性，能源行业对能源消耗的智能响应变得至关重要。同时，随着社会经济的发展，人们对电网建设提出新要求，要求在强电力输送的同时保证高能源利用效率，因此，智能电网应运而生。2001年，美国电力科学研究院提出"Intelligrid"的概念。2005年，欧洲提出"Smart Grid"。2008年，在中美清洁能源合作组织特别会议上，中国将"Smart Grid"译为"智能电网"，并开始在国内推行这一理念。2010年，国家电网制定了《关于加快推进坚强智能电网建设的意见》，确定了建设坚强智能电网的基本原则和总体目标，以数字化为手段实现物理系统的全景感知和模拟运行，通过深入挖掘资产的数据价值，提升智能决策水平，降低运行维护成本，提高资产利用效率，构建智能电网产业生态，带动产业创新发展。

在智能电网不断发展和完善的过程中，机器学习功不可没，其有助于分析、评估和控制来自不同消费者、生产者，以及连接的存储设施的数据。通过实时检测异常消耗、发电和输电情况，制定适当的解决方案来协助稳定电网。智能电网的发展使电网功能逐步优化，同时保障了电力系统安全稳定地运行，提供了多元化的电力服务。作为重要的能源传送和配置平台，智能电网从投资建设到生产运营的全过程都可以为国民经济发展、能源生产和利用、环境保护等方面带来巨大收益。

一个强大的电力智能系统将能够平衡发电厂和负载需求，实现自我预测、自我修复和自我调节，并能够促进一系列新服务和产品。智能电网的"智能"体现在以下几个方面。

（1）电网数据可视化

在智能电网中，大数据技术可对能源供应数据（如输配电、发电和消费的非结构化数据）进行分析，全面展示电网运行状态，帮助电力公司进行决策，提供需求侧管理依据，从而提高智能电网的可持续性，降低整体运营成本和碳排放水平。隐马尔可夫模型、聚类算法、遗传算法、机器学习等人工智能技术在负荷辨识、多用户协调控制、错峰控制等方面有很好的应用。例如，智能电网实时对用电量进行监测与分析，得出用电特征，辅助电力公司调整供电方案（如错峰供电），对高峰期用电进行限制，避免高峰期电力负荷过重的情况。

（2）设备故障趋势预测

通过分析故障设备的故障类型、历史状态和运行参数之间的相关性，可对电网故障发生的规律进行预测，进而评估电网运行风险，并提醒操作人员做好相应措施与处理。

（3）自我修复

智能电网可将电网中的故障设备快速地隔离，并在少人干预或无人干预的情况下进行自我恢复，重新回到正常运行状态，且做到不中断对用户的供电服务。

2. 油气勘探

BP Ventures（英国石油风险投资公司）投资了一家名为 Beyond Limits 的人工智能公司。Beyond Limits 公司的首席执行官曾说道："人工智能在整个能源价值链的运营效率方面发挥着关键作用，以优化资源生产，使领域专业知识民主化，并在降低环境风险的同时增加价值。"人工智能在石油/天然气开采中的应用如图 3-10 所示。

图 3-10　人工智能在石油 / 天然气开采中的应用

BP Ventures 公司曾参与在外太空进行的勘探试验。在投资 Beyond Limits 公司的时候，BP Ventures 公司表示，将计划使用 Beyond Limits 公司的油气勘探技术，寻找新的石油储量。除此之外，石油龙头雪佛龙公司也正在利用人工智能在加州各地寻找新油井，以及探求具有额外价值的旧油井。特雷斯数据显示，2019年，3000多家油气公司在油井及相关基础设施运营方面花费约1万亿美元（约合人民币7.2万亿元），如果加速自动化和数字化进程，可减少约10%开支。普华永道预测，到2025年，油气公司上游业务通过人工智能技术应用可节省超过1000亿美元（约合人民币7200亿元）的资本和运营支出。这是人工智能在油气勘探中的优异表现。

在勘探开发业务中，大数据可参与勘探开发、生产环节优化、生产效率监测及安全管控等环节中。在勘探开发方面，油气企业基于实时的动态数据监测，可建立全方位的油气藏监测指标体系，自动化动态监测油气藏现阶段开发状况及潜在可开发的数量，实现对油气的全面掌控。在生产环节优化方面，大数据可帮助油气企业动态监测和分析油气藏开发现状和潜在剩余油气分布，及时调整开采战略，使油气开采处于最佳状态。

此外，大数据技术在钻井设计优化、钻井作业优化和钻井安全评估等方面具有优势。钻井设计优化利用大数据技术对现有油气井的数据进行整合，并结合钻井模型与地质状况，设计一套完整的钻井工艺流程。例如，油气企业可根据油气井中传感器收集的数据进行钻井分析，使钻井参数得到优化，实现不同地质采用不同钻井工艺。钻井作业优化利用从油气井采集的数据对钻井施工、监控作业进程进行实时优化，以达到提高钻井效率和准确性的目的。钻井安全评估利用大数据技术评测预估钻井作业中可能发生的异常情况及发生潜在突发事件的可能性，预防异常情况和突发事件拖延钻井工程进度、损坏设备、导致人员伤亡等不利事件，实现钻井工作的安全性和高效性。

3. 能源储藏

能源一直都是现代社会进步的基础，自石油能源时代开始以来，全世界都在依靠丰富的石油能源推动着社会进步的车轮。能源部门通常需要庞大的基础设施才能运作，它还会产生大量数据，如能源存储和消耗峰谷/低谷情况。从石油和天然气，到可再生能源领域的主要能源参与者都在转向利用人工智能简化运营。美国和德国已经部署了人工智能系统用以提高效率。例如，美国将机器学习算法应用于700MW的风力发电装机容量，让人工智能分析平台来监控风力涡轮机的性能。

能源储存越智能，可再生能源系统的效率就越高。同样，通过收集数据、预测分析可以帮助人们更好地了解基础设施的性能并预测可能的故障，将人工智能引入能量存储将增加电池的正常运行时间，从而提高投资回报率。电池诊断和电池管理是人工智能可以在电池操作方面产生巨大影响的主要领域。根据彭博新能源财经公司和美国可持续能源商业委员会发布的《2023年美国可持续能源概况》调查报告，美国在2022年部署的公用事业规模储能系统达4.8GW（不包括抽水蓄能发电设施），使其累计部署的总装机容量达到11.4GW，这与2021年的3.7GW相比大幅增长。由此可见，可再生能源和储能系统共同部署的项目正在成为取代化石燃料发电设施的一种经济有效的常见选择。

美国Stem公司成立于2009年3月16日，总部位于加利福尼亚州。该公司开发的代号为雅典娜的项目利用人工智能绘制能源的使用情况，并允许客户跟踪能源价格的波动情况，从而更有效地使用被储藏的能源。

4. 智能巡检

随着人工智能技术的迅猛发展，整个能源行业都在大力发展人工智能技术，提高发电厂自动化水平，以期提高发电效率、降低运营成本、增加营业收入。传统发电厂监控和巡检主要采用人工方式，通过人的感官对设备进行简单的定性判断。这种方式存在很多不足，如劳动强度大、工作效率低、检测质量分散、手段单一等，而且人工检测的数据也无法准确、及时地接入信息管理系统。随着无人值守模式的推广，巡检工作量越来越大，巡检到位率、及时性无法保证。此外，在高原缺氧、寒冷的地理条件下，人工巡检还存在较大安全风险。同样地，大风、雾天、冰雪、冰雹、雷雨等恶劣天气条件下，也无法及时进行巡检。因此，传统的巡检方式急需新的"接班人"。智能巡检在能源行业得到广泛应用，通过整体感知技术，增强物与物、人与物之间的联系，能够全面、准确、及时地掌握特殊事物及危险源的动态发展情况，提前预防和控制突发事件，并做好相应措施与处理。

例如，在海上风电领域，由于海上作业的危险性，不宜采用人员巡检的工作方式，可在风电场内安排智能巡检机器人巡检。智能巡检机器人具有精密的传感系统，可对故障进行快速、高效的侦查。智能巡检机器人通过拾音、局放传感、视频传感和红外热成像四大功能，可对海上升压站内部的温度、湿度、水位、烟雾等参数进行精确测量。又如，在太阳能发电领域，无人机与计算机视觉技术的结合可对定日镜场进行巡检，解决了定日镜场巡检难度过大和运维人员的工作量过大的问题。无人机可以完成高分辨率图像和红外图像的采集，并将采集到的数据传输至数据平台，利用计算机视觉技术加以处理，有效提取图像信息，实时获取定日镜的工作状况，确保定日镜场正常运行。

5. 能源负荷预测

能源负荷与价格、政策、天气等多种影响因素相关，难以建立精确的数学模型，因此，使用传统的能源负荷预测方法难以获得令人满意的结果。而基于人工智能的能源负荷预测方法无须建立对象的精确模型，便可以较好地拟合负荷与其影响因素之间的非线性关系。

火电领域的电力负荷预测根据需求的不同，可分为超短期预测、短期预测、中期预测和长期预测4种。其中，超短期预测用于监控和优化设备的运行，短期预测用于机组启停、消纳等调度协调，中期预测用于安排检修计划和燃料管理，长期预测用于国家和区域的能源及电力规划。目前，电力负荷预测已经历了经验、传统和人工智能3个发展阶段，并正逐步向云计算大数据平台发展。基于深度神经网络的负荷预测方法可分为基于反向传播神经网络的预测方法（如共轭梯度反向传播算法等）、基于循环神经网络的预测方法（如长短期记忆网络、门控循环单元等）及基于卷积神经网络的预测方法等。

天然气负荷预测考虑节假日和天气因素影响，采用最小二乘法支持向量机进行预测，并采用差分进化算法对最小二乘法支持向量机的参数进行优化，提升预测精度。

热负荷预测考虑室外温度影响，应用基于极限学习机对地区供热系统的热负荷进行预测，可提高模型的预测精度和泛化能力。

6. 故障诊断

国家鼓励能源企业运用大数据技术对设备状态、电能负载等数据进行分析和预测，开展精准决策、设备故障预测性维护，提高能源利用效率和设备安全稳定运行水平。

近年来，在保障安全生产的情况下，数据挖掘、故障诊断、大数据等先进信息技术已逐渐渗透到各能源领域，帮助实现发电厂的安全、可靠和精益化管理。例如，在风电领域，可利用反向传播神经网络对风力发电机塔筒裂纹进行定位。声发射技术是常见的用于风电机组塔筒裂纹在线监测的方法，可对裂纹的产生和发展过程进行全面动态监测。传统的声发射信号源定位方法有定位不准确、信号易丢失的缺点，而人工智能技术可对声发射的特征信号进行有效的识别和分离，挖掘声发射信号源的真实特征表达，实现了声发射信号源模式的快速、准确检测。

在太阳能发电领域中，人们只有将单个传感器捕获的单维信息融合成多维信息，才能对光伏发电设备进行诊断。单维信息融合可以充分利用多个传感器资源，为故障的检测和分离提供更充分的判断依据，降低信息不全带来的不确定性。但同时，这也对光伏发电系统故障进行数学建模带来挑战。因此，借助神经网络强大的非线性拟合能力，自发挖掘运行数据与故障数据之间的映射关系，可有效避免复杂建模，提高故障辨识效率，从而保障电站的安全、稳定运行。

7. 核能源发展

作为新型能源的核能，其优点在于核电站产生的巨大能量可以为工业产业赋能，并且不会产生大量对环境有害的气体。核能的出现减少了煤炭、石油的使用，在一定程度上改善了空气的质量、保护了大气层。因此，在能源行业中，核能作为新型能源备受关注，成为全世界争先研究的对象，也是实现"双碳"目标的一种手段。

核工业是高科技战略产业，是维护国家安全的重要基石。我国已建立包括铀矿勘探、铀矿采冶、元件制造、核电、乏燃料（铀废料）后处理、放射性废物处置等环节的完整核工业体系，但要实现核能源全面供给，我们需要做的还有很多。核反应本质上是复杂的且技术上具有挑战性的工程系统，涉及的许多组件都必须以精确的操作方式运行，需要在不断变化的情况下对核反应系统进行安全检测。当前，中国核工业正值战略发展机遇期，核工业在维护国家安全和能源安全中的地位突出。"核电大发展""核电安全发展""核电走出去"的实施均对核电发展提出了更高要求。利用以大数据驱动的人工智能与核能结合，可发掘具有稀缺性和差异性的数据价值，实现以数据驱动创新发展，促进核能源发展进入新格局。

核电站的运行需要操作员具有丰富的操控知识，还需要操作员在面对突发情况时及时做出正确决策，这些要求对人类来说是极具考验性的（如知识储备、应变能力、身体素质），但人工智能机器和人工智能算法却能很好地满足这些要求。1994年，Takizawa等人申请了智能人机系统的专利，该系统通过在机器上运用增强认知资源、使用强大的自动控制器、辅助分析推理这3种方式来辅助操作员，极大地减少了操作员的工作量，提高了操作员处理突发事件的能力。在第二次人工智能浪潮席卷全球时，人工神经网络的兴起为开发者们提供了更好的研究思路，他们开始将人工神经网络应用于核能行业。1992年，Guo和Uhrig研究了使用人工神经网络来预测核反应堆的效率或热性能的系统。1998年，Nabeshima等人利用人工神经网络为核电站开发了实时监控系统。这些系统的开发与应用有助于更有效地运行核反应堆。

人工智能技术也可应用于核电站故障诊断。核电站故障诊断关系到核能源的应用是否安全可靠，为了避免像切尔诺贝利、日本福岛核电站泄漏等重大危害事故的再度发生，对核电站进行故障监督和诊断是重中之重。传统的检测方式通过传感器获取数据，然后使用算法对数据进行处理后对故障进行识别和分类。随着大数据和人工智能技术的发展，研究人员提出了各种新的方式以更好地解决这一问题。2003年，Seker等人使用循环神经网络（RNN）对核电站进行故障诊断，由于RNN对信号中引起的微小扰动非常敏感，所以引入RNN后，核电站的诊断质量明显上升。2014年，Liu等人强调使用混合智能方法，引入模糊神经网络（FNN），更有益于对核电站等复杂系统的故障进行检测。此后，深度神经网络、自适应神经模糊技术、神经模糊推理算法等人工智能技术不断加入核能源应用的"大家庭"里，为核电站的安全"保驾护航"。

人工智能技术在核能源开发利用中远不止这些，它既可以对核燃料进行管理，又能够识别核电站中出现的意外。人工智能技术拥抱核能源的开发，促进了能源的转型，也提升了自身的价值密度。

第四章

此轮人工智能会推动核能发展吗

第一节　核能

在思考人工智能技术能否以合理的方式推动核能的发展之前，我们应该了解什么是核能，它有哪些分类，以及核能技术是如何发展的。质能方程解释了一个本质，即物质的质量和能量其实是一回事，它们之间可以互相转化。从其释放类型来看，核能有3种核反应进行释放，分别是核裂变、核聚变和核衰变。

我们都知道，物质是由分子构成的，分子又由原子构成，而原子是由带正电的质子、不带电的中子和带负电的电子3种粒子组成的。其中，质子和中子处在原子的中心，依靠强大的核力紧密地结合在一起，构成原子核。因此，结合上述核能释放的方式，我们所说的核能，就是将牢固的原子核分裂或者重新组合而释放的巨大能量。具体来说，原子核中质子、中子数量变化的时候会产生质量亏损，这些亏损的质量根据爱因斯坦质能方程会转化为一定的能量，核能指的就是这些能量。

那么，核能有哪些分类呢？

从1905年爱因斯坦的相对论公开发表起，世界各国的科学家对核能进行了诸多探索。1939年，科学家们首次尝试用中子轰击较大的原子核（重原子核），将其变成了两个中等大小的原子核，这个过程被称为原子核的裂变。原子核的裂变会释放巨大的能量，这种能量称为核裂变能。接下来，科学家又尝试用中子轰击铀235的原子核，这一过程不仅获得了巨大的能量，同时还产生了几个新的中子。科学家发现，新产生的中子会继续轰击其他的铀核，从而导致一系列铀核持续发生裂变，持续释放巨大的能量。这一过程被称为链式反应。但是链式反应在瞬间发生，需要加以控制才能继续利用。1942年，科学家利用核反应堆第一次实现了可控制的铀核裂变，这标志着人类从此进入了真正意义上的核能时代。

除了将重核裂变获得核能，也可以将质量很小的原子核（轻原子核）结合在一起，这个过程也会释放巨大的能量，即核聚变能，主要包括氢的同位素氘（2H，重氢）和氚（3H，超重氢）聚合的反应（称为核聚变）。氘核（由一个质子和一个中子构成）与氚核（由一个质子和两个中子构成）在超高温下结合成氦核，会释放核能。而大量氢核的聚变可以在瞬间释放惊人的能量，氢弹就是利用此原理制成的。

除此之外，核衰变也可以获得能量，即原子核可以在自发的衰变过程中释放能量。核裂变能和核聚变能是人类利用的主要核能类型，其中核裂变的核燃料主要为铀。

综上所述，根据能量释放类型，核能可分为3类。一是裂变能，即重元素（如铀、钍等）的原子核发生分裂时释放出来的能量。二是聚变能，即由轻元素（氘和氚）的原子核发生聚合反应时释放出来的能量。三是原子核衰变时发出的放射能。核能与化学能的区别在于：化学能靠化学反应中原子间的电子交换而获得能量，而核能则靠原子核里的中子或质子重新分配获得能量，这种能量非常大。但能量大只是核能的优势之一，人们大力发展核能技术看重的是其多方面的优势。

核能作为可持续发展的能源之一，不仅是一种高效、经济的能源，而且也是一种清洁、安全的能源。核燃料虽然被称为"燃料"，却并不能燃烧，它既不消耗氧气，又不产生二氧化碳等。

核能不仅仅可以用来发电，还可以用于供热，即作为火箭、宇宙飞船、人造卫星等装置的动力能源。由于核动力不需要空气助燃，它也可以作为缺乏空气环境下（地下、水中和太空中）的特殊动力，因此，核能将是人类开发海底资源和太空资源的理想动力。同时，可用的化石能源资源越来越少，即使我们不考虑化石能源对环境的不利影响，地球上现有的化石能源也不足以支持人类经济活动的长期进行。据调查，目前已探明的化石能源储量中，煤炭可经济开发量约为10391亿吨，石油可经济开发量约为1900亿吨，天然气可经济开发量约为150万亿立方米。按当前的开采量计算，煤炭可开采200多年，石油可开采40年，天然气可开采70年。

如此有限的资源量对人类经济活动的持续发展构成了直接威胁，因此，加快开发替代能源已成为世界性的重大课题。以上种种都促成了核能在替代能源中的重要地位。核能是清洁能源，核能的利用过程不产生烟尘、二氧化碳、氮氧化物和二氧化硫，不会造成温室效应及酸雨。核链式裂变反应释放的热量巨大。以铀和钚为例，1kg铀235裂变反应释放的热量相当于燃烧2500吨标煤[①]，1kg钚239裂变释放的热量相当于燃烧3000吨标煤。建设一个1000MW的燃煤电厂每年需要3000吨燃煤，而建设一个1000MW的核电站每年仅需要30吨核燃料。核电站的燃料费用要比电厂的燃煤费用低得多，核能的利用具有很大的地域灵活性。

化石能源资源分布的不均衡性往往影响了经济活动的开展。例如，我国

---

① 标煤是标准煤的简称。由于各种燃料燃烧时释放的能量存在差异，为便于对各种能源进行汇总计算、对比分析，我国采用标准煤作为能源的度量单位，即每千克标准煤为29307千焦耳（7000千卡）。

经济活动最活跃的地区集中在东南沿海地区，而化石能源资源多分布在西部、北部地区。这种不均衡性造成了"北煤南运""西电东送"的能源供应布局，而核能利用在地域上的灵活性恰好可以解决这一问题。此外，核能的利用具有比较明显的经济性。目前，核电站的建设成本比火电站的建设成本高50%～80%，而核电站的运行成本只相当于火电站的运行成本的50%。更为重要的是，核能的资源可供人类长期利用。地壳中铀元素的含量是平均每吨3g，这个含量大约是黄金含量的1000倍。人们总是在铀含量远远高出平均含量的含铀矿脉开采铀。世界上铀矿最丰富的国家和地区是澳大利亚、哈萨克斯坦和北美。据统计，全世界可靠铀矿资源约为450万吨，目前世界上铀矿消耗的速率是6万吨/年，这些铀矿资源可供慢中子反应堆使用70余年。若采用先进的核能循环利用技术和更为先进的快中子反应堆，目前的铀资源可供人类使用数千年甚至一万年。应用前景更为广阔的是核聚变，如果能实现可控核聚变，仅目前地球表面水体中所含的氚就可满足人类几十亿年的能源需求。

正是由于核能所具有的特点，使其在替代能源（如水能、风能、太阳能、生物质能）中占据了很重要的地位，成为不可缺少的替代能源。随着科学技术的发展，核电站的建设成本和运行成本会逐渐下降，核能的利用将会显现更大的经济性优势。总体来说，核能主要具有以下优势。

（1）在目前所有的能源形式中，核能能量最密集、功率最高。这一点决定了核能的运输量小，可以减缓交通运输压力。

（2）在能量存储方面，核能比太阳能、风能等其他新能源更容易储存。核燃料的储存占用空间有限，相比于烧重油或烧煤的设备，核能不需要庞大的储存罐或大面积的场地。

（3）核能比较清洁。世界上大量有机燃料燃烧后排出的二氧化碳、二氧化硫、氧化氮等气体不仅直接影响人类健康和农作物生长，而且导致酸雨和大气层的"温室效应",破坏生态平衡。相比之下,核能没有这些危害。我们面临的情况是既要发展经济,又要保护环境(减少温室气体排放)。发展核能几乎被认为是兼顾发展经济和减少温室气体排放的唯一途径,将会有效地削减主要污染物排放量,改善当地的空气质量。

(4)核电比火电更经济。电厂每度电的成本由建造折旧费、燃料费和运行费组成,其中主要是建造折旧费和燃料费。核电厂由于特别重视安全和质量,其建造费相较于火电厂的建造费,一般要高出30%~50%,但核电厂燃料费比火电厂燃料费低得多。据估算,火电厂燃料费占发电成本的40%~60%,而核电厂燃料费则只占发电成本的20%~30%。经验表明,核电厂发电成本要比火电厂发电成本低15%~50%。在美、法等国,核电价格已经具备很强的竞争力。核电经济性还体现在发电成本非常稳定、对燃料价格波动不敏感方面,因此,核能能够平抑能源价格波动,保障能源供应安全。

核能存在以上优点的同时也有一些不足,主要表现在以下方面。

(1)核电厂会产生高放射性废料或者乏燃料,虽然所占空间不大,但因具有强放射性,必须妥善处理。

(2)核电厂热效率较低,比一般化石燃料电厂向环境排放更多的废热,因此,核电厂存在比较严重的热污染。

(3)核电厂投资成本较高,其电力公司的财务风险较高。

(4)核电厂的反应堆内有大量的放射性物质,如果发生事故,放射性物质释放到外界环境,会危害周边生态环境。

(5)公众的接受程度制约着核能的发展空间。公众对于发展核能的忧虑主要体现在核事故、核扩散、核电站高昂的建设成本、核恐怖主义和核废料的处置等方面。例如,日本福岛核事故在全球范围内引发了一波反核高潮,美国尤卡山核废物处置库因公众反对未能按计划建设，瑞典和德国因公众抗议而被迫实行弃核政策。

　　以上介绍了什么是核能、核能根据释放能量的类型可分为哪些种类、核能的优势特点及发展中存在的不足之处。总而言之，核能作为新兴能源，其发展将成为解决能源危机的理想能源，也将为人类的发展不断提供清洁、安全的能源。

第二节　民用核能发展历程与趋势

　　1895年的德国，一个名叫伦琴的人正在一个玻璃管中进行阴极射线实验，他从玻璃管中吸出了空气。有一次，他盖上了设备，但注意到当设备通电时，旁边的照相底片亮了起来。他意识到这是一种新的射线，并将其命名为X射线。他系统地研究了这些射线，并在两周后拍摄了妻子手部的第一张X射线照片（见图4-1）。

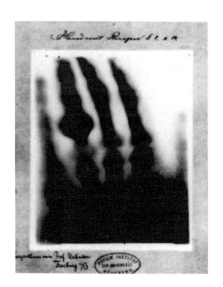

图 4-1　X 射线手部影像

　　1896年的法国，一个名叫贝克勒尔的人注意到，如果把铀盐放在照相底片上，即使没有阴极射线管通电，它们也会曝光。能量一定来自铀盐本身。玛丽·居里（Marie Curie）和她的丈夫皮埃尔（Pierre）研究了这一现象，并分离出了两种新的元素：钋和镭，并将这种现象称为放射性。

在英格兰，欧内斯特·卢瑟福[1]开始研究放射性，发现有两种不同于X射线的射线：α射线和β射线。他后来发现，绝大多数原子的质量集中在中心。1920年，欧内斯特·卢瑟福从理论上证明了原子核中存在一种中性粒子，称为中子，尽管当前还没有证据表明中子存在。

1932年，查德威克阅读了伊雷娜·居里的女儿艾琳·乔利奥特·居里发表的研究结果，即伽马辐射能将质子从蜡中"敲"出来。他怀疑这就是欧内斯特·卢瑟福预测的中子，并做实验来证明这一点，从而发现了中子。

有了中子，众多科学家向不同的核素"射击"。很快，哈恩和斯特拉斯曼向铀原子"射击"，看到了粒子一些奇怪的行为；莉丝·梅特纳和她的侄子弗里希认为这是原子分裂，释放了大量能量。他们将该现象命名为裂变。Szilard意识到，裂变是形成链式反应的一种潜在方式。他和费米做了一些中子倍增研究，发现这确实是可能的。他们知道，世界将永远被改变。

Szilard、Wigner和Teller给时任美国总统罗斯福写了一封信，提醒他要发展核武器，并委托爱因斯坦签署并寄出。罗斯福授权对铀进行小型研究。1942年，费米在芝加哥大学成功创造了第一个人造核连锁反应。1942年，曼哈顿项目全面启动，旨在同时研究两种类型的原子弹：一种基于浓缩铀，另一种基于钚。于是，巨大的实验装置很快在城市中秘密建成：田纳西州橡树岭的反应堆生产浓缩铀；位于华盛顿州汉福德的工厂进行钚生产和钚提取；新墨西哥州研究将高新材料转化为武器的技术。这两条通往原子弹研制的道路都是成功

---

[1] 欧内斯特·卢瑟福（1987年8月30日—1937年10月19日），英国著名物理学家，世界著名的"原子核物理之父"。

的。1945年7月，位于新墨西哥州的Trinity站点成功测试了钚内爆装置。

1945年8月6日和9日，美国在日本广岛和长崎将原子弹"小男孩"和"胖子"扔下。1945年8月15日，日本在"二战"中无条件投降。这是公众第一次意识到美国在研制原子弹。

自此之后，核能进入四个发展阶段，产生了四代核电技术。

第一代核电技术时间跨度约为20世纪50年代中期至20世纪60年代中期，核能在军事上展示出巨大的威慑力后，开始向发电领域拓展。1954年，苏联建成了世界上第一座商用核电厂——奥布灵斯克核电厂（见图4-2），开启了核能应用于能源、工业、航天等领域的先行示范。

图 4-2　奥布灵斯克核电厂

第一代核电技术应用多为早期原型机，使用天然铀燃料和石墨慢化剂，设计上比较粗糙，结构松散，尽管机组发电容量不大（一般在30万千瓦之内），但体积较大，且在设计中没有系统、规范、科学的安全标准作为指导和准则，存在许多安全隐患。早期原型机的意义在于具有研究探索的试验原型堆性质，证明了核能发电的技术可行性。在此期间，核电厂主要有美国希平港核电厂、德累斯顿核电厂、英国卡德霍尔生产发电两用的石墨气冷堆核电厂、苏联APS-1压力管式石墨水冷堆核电厂、加拿大NPD天然铀重水堆核电厂。

1951年，爱达荷州一个名为EBR-I的实验性液态金属冷却反应堆安装在发电机上，由此产生了第一批核能发电。但在民用发电厂出现之前，Rickover[①]上将使用反应堆为潜艇提供动力，因为它们不需要加油，也不需要使用氧气用于燃烧。诺第留斯号于1954年作为第一艘核动力潜艇下水。不久后，苏联开放了第一个非军事发电反应堆。基于潜艇反应堆设计，Shippingport反应堆于1957年作为美国第一座商业反应堆投入使用。

20世纪60年代至90年代迎来第二代核电技术的发展。在第一代核电技术的基础上，第二代核电技术实现了商业化、标准化，其单机组的功率水平在第一代核电技术的基础上大幅提高，达到百万千瓦级。二代核电厂的主要堆型有压水堆（PWR）、沸水堆（BWR）、重水堆（PHWR）、石墨气冷堆（GCR）及石墨水冷堆（LWGR）等。

在20世纪60年代和70年代，许多核反应堆被建造并用于发电，其设计与潜艇的设计非常相似。这些核反应堆工作良好，生产廉价、无废气排放的电力。1974年，法国决定大力发展核能，当时，其75%的电力来自核反应堆。美国建造了104座核反应堆，从中获得了约20%的电力。最终，劳动力短缺和施工延迟开始使核反应堆的成本上升，减缓了其增长。1979年三英里岛事故和1986年切尔诺贝利核电站事故进一步减缓了核反应堆的部署。更严格的监

---

① "Rickover" 在这句话中指的是美国海军的将军 H. G. Rickover（Hyman George Rickover），他是核动力船舰计划的重要推动者。他被认为是美国核海军的奠基人之一，主导了核潜艇的发展和建设。在这句话中，"Rickover" 是一个姓氏，代表了这位重要人物。"Rickover" 的中文可以翻译为 "里克弗" 或 "里科弗"。

管带来了更高的成本。1986年，在EBR-II进行的被动安全试验证明，先进的核反应堆设计（除了最初用于制造潜艇的设计）可以更安全。这些试验在没有插入控制棒的情况下发生重大故障时，反应堆能够自动关闭。

20世纪90年代末期，美国商业核反应堆机组的安全纪录（0人死亡）和核反应堆的平稳运行，加上对碳排放导致全球气候变化的持续担忧，引发了"核复兴"的大量讨论。

20世纪90年代至今，由于1979年三英里岛事故、1986年切尔诺贝利核电站事故爆发后，20世纪90年代，美国和欧洲先后出台《先进轻水反应堆用户要求文件》（URD文件）和《欧洲用户对轻水堆核电厂的要求》（EUR文件），国际上通常把满足这两份文件之一的核电机组称为第三代核电机组。

2011年3月，一场大地震和海啸淹没了福岛第一核电站的反应堆。备用柴油发电机发生故障，衰变热无法冷却，致使燃料熔化，氢气积聚并爆炸（在安全壳外）。辐射被释放出来，但大部分都被排放到海里，而不是进入人口稠密的地区。福岛核电站事故见图4-3。

图 4-3　福岛核电站事故

2013年3月，著名的气候科学家詹姆斯·汉森（James Hansen）与美国宇航局（NASA）合作发表了一篇论文，该论文指出，即使对核事故进行了最坏情况的估计，核能作为一个整体已经挽救了180万人的生命，并抵消了化石燃料发电厂造成的与空气污染有关的死亡。2013年9月，"旅行者一号"卫星（见图4-4）在发射36年后进入星际空间，由钚238放射性同位素热发生器提供动力。

图 4-4 "旅行者一号"卫星

20世纪末至今是第四代核电技术发展时期。第四代核电技术是指待开发的先进核电技术，其主要特征是经济性、安全性高，同时废物产生量少，无须厂外应急，并具有防止核扩散能力。第四代核电堆型代表有钠冷快堆、极高温气冷堆、铅冷快堆、气冷快堆、熔盐堆和超临界水堆等。

第三节　人工智能的飞速发展与核能的稳中有进

　　人工智能致力于解决通常与人工智能相关联的认知性问题，这些问题包括认知学习、问题解决和模式识别等。提起人工智能，人们可能会想到机器人或未来的场景。但是，人工智能不仅仅局限于科幻小说中的机器人，它还迈进了现代非虚构的高级计算机科学领域。Pedro Domingos教授将机器学习划分为"五大学派"：起源于逻辑和哲学的象征主义学派、源于神经系统科学的联结主义学派、与进化生物学相关的进化论学派、结合统计学和概率学的贝叶斯定理学派、起源于心理学的类比推理学派。最近，由于统计计算效率的进步，贝叶斯定理学派在机器学习上取得了多方面进展。同样，由于网络计算的进步，联结主义学派在深度学习领域也取得了进展。机器学习（ML）和深度学习（DL）都属于源自人工智能学科的计算机科学领域。从广义上来说，这些技术分为"有监督"和"无监督"学习技术。其中，"有监督"使用包含预期输出的培训数据，而"无监督"使用不包含预期输出的培训数据。数据越多，人工智能就会更加智能，并以更快的速度学习；而且，人们每天都会生成数据，为运行机器学习和深度学习解决方案提供知识库。总体说来，人工智能研究的一个主要目标是使机器能够胜任一些通常需要人类智能才能完成的复杂工作。

　　在人工智能的发展历程中，每一次前进都受到了世界主要经济体的积极推动。这样的推动来自人们对人工智能在经济发展中的作用的战略考虑。

在人工智能发展初期，美国国防部是感知器研究的主要推动者。20世纪80年代初，当时是世界第二经济体的日本，为了在经济上和整体科研水平上超越美国，研发了第五代计算机。在此次人工智能浪潮中，美国、中国和欧洲主要国家都把在机器学习技术上的竞争，作为未来经济发展的战略出发点。人工智能的每次浪潮都伴随着其应用领域的大发展，而这样的发展反过来推动着人工智能技术的不断深化。

在每次浪潮落下之后，战胜挫折的挑战又总是成为新技术发展的诱因和推动力。例如，第二次人工智能浪潮落下之后，在机器人和计算机游戏研究中发展起来的强化学习技术（Reinforce Learning），以及在大数据分析驱动的决策系统研究中发展起来的数据挖掘技术，都为后来以机器学习为主体的人工智能研究的第三次浪潮的到来做了充分的准备。

由此看来，在我们谈论人工智能技术在经济发展中的重要作用时，不能仅仅着眼于当前的人工智能技术在经济和社会生活中的应用，更重要的是要把人工智能作为一种新的发展中的生产力。这样的新生产力和以往导致生产力革新的技术（如蒸汽机、电力计算机和互联网）有着本质不同，它是一种可以反作用于人类的生产力，是可以和人类一起共生、共长的生产力，其发展可以促进人类自身的进步，而这样的进步反过来又会促进人工智能的进一步发展。所以，我们不能简单地把人工智能在经济上的作用用"人工智能+"来总结。人工智能不只是一种赋能技术，其本身在创造崭新的社会形态和经济结构，对现在和未来生活的影响无处不在，我们正在进入一个人工智能"Inside时代"。

目前的人工智能技术除了在搜索引擎、推荐系统、图像识别、语音识别、机器翻译、游戏博弈等领域大规模应用，还在蛋白质结构预测、新药发现、国防军工等领域有突破性的进展。人工智能的产业化正在走向"智能能源化"的产业模式，即通过设计先进算法，整合多模态大数据，汇聚大量算力，训练出通用的、可迁移的"大模型"，服务于不同的领域以解决实际问题。

这样的"大模型"作为对于大数据的归纳和抽象，成为一种"预训练模型"（Pre-training Model），是构造各种人工智能解决方案的基础。从2018年10月Google公司发布3.4亿参数的BERT模型、2020年5月OpenAI公司发布1750亿参数的GPT-3模型，到2021年6月北京智源人工智能研究院发布1.75万亿参数的"悟道2.0"模型，以及2021年6月阿里达摩研究院仅用480片GPU实现了国内第一个商业化的万亿多模态"大模型"，这样的"大模型"把大数据转化成一种"智能能源"，在通用的"大模型"基础之上，应用方可以使用自己特有的数据对模型进行小计标量的微调迁移，以达到使用目的。

如今，第三次人工智能浪潮席卷全球，世界各国在人工智能发展上均付诸努力与行动，试图争夺人工智能技术高地，以促使人工智能技术赋能本国经济社会发展与变革。从人工智能产业生态角度看，中国人工智能产业基础层、技术层和应用层产业发展呈现不同态势。基于社会对人工智能的期望、资本回报期望，以及人工智能赋能属性对经济社会发展的期望，中国新一代人工智能产业发展规模呈平稳增长态势。人工智能产业发展聚集多元化应用，为满足交通、医疗、金融、安防等领域的智能化转型升级，国家进行了重点布局，以推动人工智能技术的产业化应用。在政策与市场的合力推动下，中国人工智能产业在2018年和2019年分别达到83.1亿美元（约合人民币574.9亿元）和155.5亿美元（约合人民币1076.0亿元）的产业规模，预计2025年将达到647.4亿美元（约合人民币4478.5亿元）的产业规模。

人工智能产业基础层蓄势待发，技术层和应用层同频发展。处于基础层的人工智能企业与科研机构开展合作，努力突破技术研发和成果转化瓶颈，在传感器、芯片及算法模型等方面持续加大技术研发投入，取得了一定的技术积累，形成了较为完整的技术与产品体系。2018年，人工智能产业基础层规模达到16.6亿美元（约合人民币114.8亿元）。

随着多元化应用场景、大规模用户基础和亟须升级的传统产业等需求侧拉动因素的力度逐渐加大，人工智能产业技术层和应用层进入快速增长期，率先在安防、家居与教育领域发力，并逐步渗透到其他产业，推动产业智能化升级，逐渐打造一批具有一定国际竞争力和应用深度的成熟产品和服务。根据中国信息通信研究院公布的测算数据，2021年中国人工智能产业规模为4041亿元，同比增长33.3%。人工智能核心产业市场规模方面，根据中国电子学会测算数据，2021年中国人工智能核心产业市场规模为1300亿元，同比增长38.9%。艾媒咨询（iiMedia Research）数据显示，2020年中国人工智能行业核心产业市场规模超过1500亿元，预计在2025年将超过4000亿元，未来中国有望发展为全球最大的人工智能产业市场。

中国人工智能产业整体发展呈良好态势，人工智能技术的快速发展得益于其广泛的应用场景。人工智能早已不再是简单的软件或硬件叠加，已经成为包括算法、数据、硬件、应用、人才等一系列要素的集合。

随着计算机系统解决问题和执行任务的能力迅速提高，在越来越多的领域，机器智慧正在替代人类智慧，人工智能成为当前人类能够获得的强大工具，可以扩展知识、促进社会繁荣并丰富人类经验。以下是未来人工智能应用中的几个关键方面。

一是预测。凭借模型、算法的进步，人工智能能够从以往数据中总结学习，更加精准地进行预测，如天气预报、自动驾驶中对于其他车辆行驶轨迹的预判、精准农业中对于种植/灌溉/施肥的决策等。

二是设计和优化。人工智能可以在完成一系列复杂任务时进行优化和统筹，以根据需求达到节省时间和金钱、提高安全性等目的，如智慧城市的规划设计、交通线路规划等。

三是建模和模拟。在生物、物理、经济和社会研究中，通过构建虚拟模型，进行仿真操作，可以节省很多实际中需要的测试和实验，在提高效率的同时给出更多的解决方案。例如，研究人员在药物分子设计、蛋白质构象等研究中广泛使用了人工智能技术。

四是自然语言处理。人类自然语言与计算机的及时、准确互动，不仅可以让智能电子设备的操作更加简单，而且可以广泛应用在文本分类、机器翻译、舆情监测等领域。

五是视觉图像处理。通过用摄影机和计算机代替人眼对目标进行识别、跟踪和测量等机器视觉，帮助人们做出更优的抉择，让人工智能可以应用在更多需要从图像或多维数据中感知的领域，如生产线产品检测、自动驾驶、医学成像分析等。

人工智能发展到今天，硕果累累，以上关键几个方面让人工智能在科学研究、医疗健康、教育、智慧城市等领域得到了实实在在的应用。人工智能凭借其飞速的发展，在我们的日常生活中已经无处不在，正以各种方式重塑我们的生活。

与此同时，各国核能的发展也是稳中有进。中国核能发展主要有以下4个方面。

一是压水堆核电技术已经跻身世界第一阵营——自主开发的具有非能动安全特征的第三代压水堆核电站"华龙一号"首堆于2020年11月并网成功。我国在引进、消化、吸收AP1000核电技术的基础上，完成了CAP1400型压水堆核电机组的研发工作。各核电集团的软件自主化工作取得了新进展，已形成一批具有自主知识产权的核电设计、分析模型与软件。国家重点研发计划及时启动了核电站在线风险监测与管理技术研究，将突破核电站实时在线风险评价和管理关键技术，打破国外技术垄断；在核电站老化与退化评估技术研究中，重点突破核电站重要构筑物及设备材料老化与退化行为的预测、监测及评估技术，为我国核电延寿至60年提供了技术支撑。

二是钠冷快堆方面，我国制定并实施了"实验快堆、示范快堆、商用快堆"三步走发展计划，并确立闭式燃料循环的技术路线。科技部持续支持的中国实验快堆研发成功并实现并网发电，基本建成了快堆技术研发体系。目前，600MWe示范快堆已开工建设，并启动1000MWe大型商用快堆堆芯及系统设计技术研究，将逐步实现快堆和压水堆的匹配发展及闭式燃料循环。

三是高温气冷堆迈入第四代，核能拓展"热—电—氢"多联产应用。我国研发并建成了10 MW高温气冷实验堆HTR-10，攻克了高温气冷堆工程放大与验证、自主高性能燃料元件工程制备等关键技术，关键设备实现国产化。具有自主知识产权、全球首座20万千瓦级模块式固有安全高温气冷堆示范电站已进入双堆热态功能实验阶段。未来，我国将发展堆芯出口温度950℃的第四代超高温气冷堆，实现"热—电—氢"多联产工业应用。

四是我国已形成完整的核燃料循环技术体系。在燃料循环前端，形成了完整的铀矿采冶技术体系，实现"天空地深"一体化技术铀矿勘查；自主研发了前端湿法纯化技术，建成总生产能力达万吨级的铀转化基地。在先进核燃料研发和制造方面，国际先进的自主化核电燃料元件已在核电站批量应用；环形燃料、混合氧化物（MOX）燃料、事故容错燃料（ATF）等耐辐照、高燃耗的新型燃料正在研发。在燃料循环后端，我国已建成乏燃料后处理中试厂并热试成功，未来将启动后处理大厂的示范工程建设；在乏燃料后处理专项的支持下，布局先进水法和干法后处理技术研究。

放眼其他核强国的核能发展，美国能源部确立并实施了轻水反应堆可持续发展、高温气冷堆非发电应用、模块化钠冷快堆先进核燃料循环，以及先进建模、设计与安全分析技术等战略计划。其中，轻水反应堆可持续发展计划（LWRS）聚焦于发展基于科学的方法论和工具，为在役核电厂执照延续，以及核电厂长期安全、经济运行奠定了坚实的技术基础。LWRS促进了美国核能科技的持续创新与进步，不仅应用于在役核电的延寿、扩容，而且应用于先进核能系统的研发，保持了其世界核能科技的领导地位。与此同时，美国还积极推进多用途创新型小堆的研发，已在超小型空间反应堆/核电源上取得突破。2018年，NASA完成Kilopower（轻量级裂变反应堆）千瓦级空间堆设计和测试。2021年，"毅力号"核动力火星车在火星成功着陆。

俄罗斯不断优化升级第三代压水堆VVER（水－水高能反应堆），全力竞争国际市场。VVER已成功研发出VVER-1000、VVER-1200等堆型。俄罗斯将进一步推进核能"突破创新计划"，重点发展可增殖核燃料及可生产军用核材料的快堆等第四代核能系统。2010年，俄罗斯启动国家重大核能专项"突破科技创新计划"，集中各科研院所力量，以快堆为载体，研发钠冷、铅冷、铅铋快堆，MOX燃料、乏燃料处理处置等项目，力争实现核电可持续发展和核燃料闭式循环目标。俄罗斯BN800快堆商用机组于2015年12月并网发电，装载了20%的MOX燃料；大型商用快堆BN1200设计和验证工作已经完成；BKEST-OD-300铅冷试验示范快堆已开工建设，计划于2026年投入商用；后处理中试厂也已投入使用，可提取军用核材料，并已经生产出合格的民用MOX燃料组件，将逐步满足快堆MOX燃料的需要。

法国将钠冷快堆技术的开发作为优先发展计划，并在该领域处于世界领先地位。未来，法国将继续大力研发快堆技术，但中短期计划将快中子堆的仿真和实验测试作为重点，验证技术成熟后再开始建设商用快堆。与此同时，法国也在开展气冷快堆设计有关工作，作为钠冷快堆的替代。法国的乏燃料后处理技术国际领先，他们坚持闭式燃料循环的技术路线，积极发展先进的乏燃料后处理技术。法国现有商业后处理厂集中在阿格后处理中心，经过近半个世纪的发展，阿格后处理中心已成为法国最重要的商用后处理基地和世界上最大的轻水堆乏燃料后处理中心之一。该处理中心不仅处理法国国内乏燃料，还为德国、日本和比利时等国家处理乏燃料。法国还努力将其后处理技术推向国际市场，日本、美国等已经计划从法国引进乏燃料后处理技术，为第四代核能系统的工业应用做技术储备。

　　不难看出，各国非常重视核能技术的发展，都在有条不紊地出台政策以推动研究的开展与技术的革新。那么，在如今第三次人工智能浪潮席卷全球的时代背景下，如何利用好人工智能领域新技术这股"东风"来推动核能技术的新发展，是每一个具有相关知识背景的从业人员都应该思考的问题。

第四节　人工智能推动核能发展的科学必然性

通过前面的介绍，我们可以了解到，人工智能技术因其拥有高效性和便捷性，可以自动整合数据、分析数据、模拟数据等，而这些都对各种技术行业带来了深远的影响，并且毫无疑问地对核技术研究有着深远的影响，势必大力推进核技术的发展与行业应用。目前，就国内核技术发展来看，人工智能和大数据可以借助RPA（机器人流程自动化）、智能识别引擎、规则引擎、流程引擎，通过深度学习、专业算法、区块链等技术，实现数据处理的全过程自动化。

早在2016年，中国核电研究所已经运用信息技术为反应堆开发了远程智能诊断平台。同年，中国广核集团与清华大学签署了深圳核电大数据治理框架协议，为核电工业建立大数据库，开辟核电数据链，以实现核电单元的监测分析、预警和智能管理支持。2019年，由35个相关单位组成"核工业机器人与智能装备协同创新联盟"，致力于将新型信息技术更好地融入核工业，让人工智能概念在核工业领域彻底落地生根。

放眼国外，根据世界核协会发布的数据来看，截至2020年，全球累计有457台核电机组，其中，美国以99台位居榜首，法国以58台居于第二位。美国西屋公司的部件监测应用平台构建得相对完善，该平台利用大数据与人工智能监测，通过计算机将数据进行整合与传输，从而提前预测和诊断故障。法国则利用大数据和人工智能的前瞻性与及时性，建立了专家系统。日本对人工智能机器人的研究一直处于国际先进水平，通过人工智能机器人完成核电站内清扫和拍摄的工作任务，这也表明了人工智能技术在核电领域中应用的重要性。

可以说，人工智能技术让核技术领域中的许多不可能变成了可能，其在核技术领域中的应用有以下几点。

（1）核燃料勘探与采集

"数字矿山"是国家最重要的战略资源组成部分，通过人工智能技术，将采集到的信息数据不断补充进大数据库，建立铀矿管理系统、专家系统、技术系统等，帮助勘探、采集、设计等环节相互衔接形成闭环，从而达到提高效率、节约成本、降低危险性的目的。

（2）核装备制造

在核装备制造过程中融入人工智能与大数据技术，将会形成非结构化的存储数据库。该数据库能够全面检测项目的安全和准确性，确保信息收集的范围与效率，提高信息处理能力，并在此基础上为决策者提供切合实际的参考数据，利用专家系统、神经网络等先进数据处理器进行智能分析。

（3）核电工程应用

在核电站建造过程中，涉及工程数据、建造数据、安全数据、人员数据、监测数据、资金数据等。因此，对核反应堆相关设备的设计是难点之一。数据库能够将这些数据整合储存，进行分类记录，满足施工过程中任一环节对数据的需求，从而提升工作效率，便于人们了解当前进度。

（4）核电运营

核电运营过程中产生的专业数据、管理数据、监测数据、故障数据，可以利用数据库整理在案，不仅便于积累经验，而且便于工作人员实时调取，以降低沟通成本。将人工智能技术与化学诊断技术相结合，实现自动化监测，从而精准地判断二回路设备故障源头，能够让工作人员更加了解设备的运转情况，制定检修计划等。

目前，通过使用智能化技术，一些常规的发电厂已经实现了少人值守，并在探索无人值守，这将有利于避免人因失误。与火电厂相比，核电厂的安全标准和要求非常高，进一步研究打造以"无人监测、少人值守"为目标的智慧核电运营模式，可有效提升核电运行安全水平。此外，对于未来太空、深海区域的核反应堆，因环境特殊性需要实现无人智能运行。

（5）核电安全

为了确保安全，每个核电站都有数10个系统，用以监测与核电相关的方方面面，其中蕴含了数百种专业知识和设备数据，维护的工程量较为浩大，进行人力对比、分析数据是极为庞大的工程。建立相应数据库可以提高人们对核电站的控制水平，利用人工智能实时监测和评估系统，为分析与决策提供准确、翔实的数据支持，确保核电站能够安全运行。

（6）服务于相关科学技术

利用核辐射诱变植物种子中的中子或质子，使其产生基因变异，从而选取人们想要的变异个体进行培育与研究。现如今，人们对核技术的利用仍然存在极大的随机性，没有系统的管理和试验，更没有相应的数据整合，所以利用智能系统通过计算机端模拟诱变过程，从而演算种子变异基因组DNA的排列组合，监测虚拟模型以获得相应数据与结果，不仅可以提升试验的可控性，而且能以更低的成本定向育种。

（7）核电机器人

在核工业领域中，多数环境与设施都存在较强的放射性，可以利用人工智能与机器人技术，将维护关键设施或处置放射性废物等工作交给智能机器人，这不仅可以降低维护设备的成本，而且能确保工作人员的安全，还能解决人工操作受限等问题。

（8）核设施退役

核设施退役不仅需要几十年甚至上百年的时间，还需要确保核设备退役的安全性，尽可能降低对外部环境的影响。利用大数据和人工智能技术相结合，建立仿真模型，根据现实数据进行模拟评估、拆分步骤、优化方法，辅助专家进行计划调整，降低核设施退役的成本。

（9）基础物理现象建模

核反应堆工程涉及多个学科，其中一些物理现象比较复杂，难以通过理论推导得到准确的通用基础模型。由此，新型反应堆或换热器的设计仍然离不开热工实验，需要花费大量资金搭建实验装置。随着实验技术的进步，目前人们对于沸腾、流动等复杂现象能够开展更加精细的测量，得到大量数据。美国的科研团队正研究利用深度神经网络分析海量实验数据，以建立适用性更广的热工水力学基础模型，从而减少新设计对于大型实验设施的依赖。

对于人类而言，人工智能仍有很多需要探索的领域。由于安全是核工业的"生命线"，核领域通常会采用成熟可靠的技术，并且需要严格管理，这在一定程度上限制了人工智能在核领域的深度应用，更无法完全替代人类。但人工智能能够起到良好的辅助、支持作用，减少人因失误。上述这些都是人工智能在核能领域的具体应用，正因为有人工智能领域相关技术的支持，核工程、核技术才能不断突破创新。相关技术应用的安全性与合理性，体现的是人工智能推动核技术发展的必然性。随着以工业机器人、图像识别、深度自学习系统、自适应控制、自主操纵、人机混合智能、虚拟现实智能建模等为代表的新型人工智能技术在核能行业的进一步推广，核能领域将进入人机全面协作的时代，生产效能将大幅提升，我国核电事业也将逐渐走向国际化。

第五章

裂变反应堆产业中的人工智能

1945年，美国投放于日本长崎的原子弹爆炸时，在震源处出现的蘑菇云高达18千米（见图5-1）。这是人类历史上第一枚用于战争的原子弹，它的威力不可小觑。单靠普通的化石燃料是绝对达不到这种威力的，是什么给原子弹提供了如此惊天动地的能量呢？其中的主要能源来自世界目前研究界的"宠儿"——核裂变。

图 5-1　远距离观察的原子弹爆炸

历史上第一次核裂变是由莉泽·迈特纳、奥托·哈恩、弗里茨·施特拉斯曼及奥托·罗伯特·弗里施等科学家在1938年发现的。之所以称其为核裂变，是因为它是由较重的（原子序数较大的）原子（主要是指铀或钚）裂变成较轻的（原子序数较小的）原子的一种核反应或放射性衰变形式，有点类似于生物学中的细胞分裂，于是便取"裂变"之名为该反应命名。核裂变反应示意见图5-2。

原子核通过核裂变后能释放巨大的能量。据不精确计算，一个原子核裂变就能产生大概200MeV的能量，也就是相当于3.2×10^{-11}J的能量，约等于同等单位普通化石燃料的2000万倍！可想而知，核裂变产生的能量该有多大。除此之外，核裂变还有一个特点：核裂变能量是在核反应堆内用中子轰击重原子核时释放的，产物主要是原子核及中子。该过程不产生温室气体和粉尘，加上核能发电效率高，而且更为集中，所以便于统一处理，对环境的污染要比传统能源对环境的污染低很多，因此，核能不失为一种极好的清洁能源。

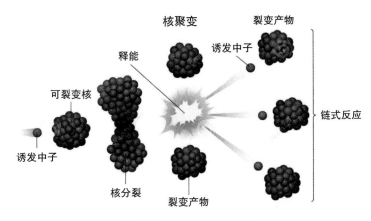

图 5-2　核裂变反应示意

随着社会的变革与发展，地球上可利用的能源所剩不多，加之能源燃烧带来的副作用对整个地球的恶劣影响，世界各国的研究者都在开始致力于研究如何将核裂变产生的能量应用于社会发展。于是，用于能源行业的核电站开始陆续投入使用。目前，核电站核反应堆按照反应堆的形式不同分为轻水反应堆、重水反应堆、高温气冷堆、压力管式石墨慢化沸水反应堆、快中子增殖反应堆等类型。核反应堆就相当于火电站的锅炉，用于控制整个反应的进行和结束，受控的链式反应就是在这里进行的。

利用核电站发电是核电站存在的首要意义。核电站主要由两部分组成，一部分是用于产热能的核岛，另一部分是用于热能与其他能量进行转换的常规岛。核电站基本结构见图5-3。

现在使用较为普遍的核电站为压水式反应器核电站，其工作原理如下。首先在核岛中，用铀制成的核燃料在反应堆内进行核裂变并释放大量热能，然后在高压下循环冷却水将热能带出，在蒸汽发生器里产生蒸汽，此时，高温高压的蒸汽进入常规岛进行能量转换，推动汽轮机进而推动发电机运作，最后转化成电能送到千家万户。这一套操作下来，除了在核岛中产生了废弃的核裂变产物，其余步骤都真正做到了对环境的轻污染。

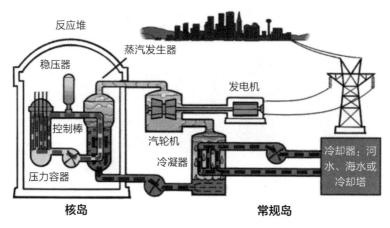

图 5-3　核电站基本结构

作为具有高效率、低污染的能源建设，核工业成为一种高技术战略性新兴综合性产业，应用于多个工程领域。截至2021年6月，全球范围内共有443座核电站（运行在33个国家），另有52座正在建造中，越来越多的研究者投入到核裂变的研究中。到目前为止，核工业致力于核燃料的研究、生产、加工和利用，在众多领域都取得了显著进展。随着人工智能的发展和"工业4.0"的提出，越来越多的人工智能技术被引入核产业链，以提高核电站的生产效率和运营安全性，降低运营成本，实现风险规避。同时，深度学习作为人工智能的重要技术，在核工业的理论和应用研究方面取得了惊人的进展，有力地推动了核工业信息化、数字化、智能化的发展。

为了更好地融入现代能源结构，核电站除了要做到安全、可靠，还要经济、有效，而人工智能技术恰好能在这些方面做出贡献。人工智能落地应用于核电站主要有以下4个方面。一是为了维护核电站的安全进行的安全管理；二是为了保证核电站设备的及时更新及系统的更新换代而进行的智能监控；三是由感知到认知，再到对核电站中智能体进行的智能运维；四是在如今大数据的背景下，数据与知识双向驱动核能发展产生的智慧核电站。

核电站属于高效率的能源建设，如上文所提到的一样，除了核裂变反应的产物，核电站几乎不产生对环境有害的物质。核裂变反应的产物将在后面进行详细介绍，目前我们需要明晰的是——在控制良好且周边紧急应对系统完善的情况下，核电站其实是相当安全的设施，但是一旦系统出现了故障，那带来的危害可能如同原子弹爆炸一样。核电站自应用以来，切尔诺贝利核事故和日本福岛核事故带来的影响之大，相信大家都有所耳闻，因此，有效的核电站安全管理不可或缺。

引入人工智能技术后，核电站智能化安全管理的效果显而易见。人工智能技术中的模糊神经网络技术在核电站中的应用，大大提高了反应堆运行的安全性和可靠性，为核电站的运行“保驾护航”。它能实现对其所在核电站的负荷跟踪、功率分布控制、运行状况及运行参数的虚拟测量、故障诊断、瞬态识别，以及核燃料的质量检查等，展现了良好的应用前景。人工智能技术、人工神经网络技术等多种人工智能技术的应用，使核电站的安全管理更加智能化和高效化。

核电站的安全管理至关重要，对核电站的设备和系统进行智能监控是推进核能产业发展的重中之重。核电站建设的前期投入非常大，包括建筑工程费、设备购置费、安装工程费等费用，同时包括建设单位管理费、设计费、技术服务费等一系列费用。再加上投入运行时购买核原料、聘请高新技术人才所需的资金，一个核电站从建设到落地应用的成本是非常高昂的。

一个核电站的设备往往动辄上千万元，因此，做好核电站系统与设备健康的监控意义重大。引入人工智能技术进行智慧监控成功“出圈”，成为核电安全中一种很好的监控方式。

核电站中控制室的决策过程也面临着一系列问题，如高效保障各类设备、系统、网络正常运行和可用性等，这些问题直接影响着核电站的运行维护。利用人工的手段想要获得最佳的决策方案不太现实，因为操作员难免会有失误的时候，加上核电站的监控拥有大量复杂的指标，同时当突发事件来临时留给操作员进行决策的时间往往非常短，操作员很难在这种错综复杂的情况下适时地拿出最佳的缓解措施。引入人工智能技术进行系统智能运维对于解决以上问题至关重要。目前，核电站智能运维主要体现在智能操作员上，智能操作员能够做到由感知到认知，再到进行决策，保障了核电站系统投入使用后的稳定运行，并在日常工作中不断优化核电站系统架构和部署的合理性。

智能化是当今世界工业的发展趋势，也是我国产业结构优化升级和增强国际竞争力的关键环节。国家发展改革委、国家能源局印发《"十四五"现代能源体系规划》，提出促进先进信息技术与能源产业深度融合，有序推进电力、煤炭、油气等领域数字化、智能化升级示范。同时指出，将更安全、更高效、更经济作为新一代核能技术及其多元化应用的主要科技创新方向。

在大数据发展如火如荼的大背景下，智慧核电站的建设实现了核电站从控制室到现场的一系列智能化连接，以数据和知识为支撑，智慧核电站的出现必将推动核能产业从数字化进一步向智能化迈进。

综上所述，核电站领域的人工智能技术已经逐渐开辟出一条属于它的道路，意味着裂变反应堆产业中的人工智能正式落地应用。接下来，笔者将更详细地介绍这些应用，使读者能更清晰地了解这些应用的发展现状。

第一节　核电站运行安全管理中的人工智能应用

　　1986年4月26日凌晨1点32分（莫斯科时间），一场巨大的爆炸震惊世界，顷刻间大火四起、硝烟弥漫，8吨多强辐射物质泄漏，尘埃随风飘散，致使俄罗斯、白俄罗斯和乌克兰许多地区遭到核辐射的污染，致使电站周围6万多平方千米的土地直接受到污染，320多万人因此受到核辐射侵害，这是人类至今和平使用核能史上最大的一次事故——切尔诺贝利核电站爆炸事故（以下简称"切尔诺贝利事故"）。切尔诺贝利核电站见图5-4。

图 5-4　切尔诺贝利核电站

切尔诺贝利核电站是苏联时期在乌克兰境内修建的第一座核电站，曾被认为是世界上最安全、最可靠的核电站之一。即使被赋予了如此高期望的核电站，在安全管理疏忽的情况下也会造成不可挽回的后果。

再看离我们最近的一次核电站事故——日本福岛核事故（放射性物质泄漏事故）。2011年3月11日，受地震影响，福岛第一核电站的放射性物质泄漏到外部，对日本本土和周边国家造成了不可估量的影响。核电站事故造成的危害不只局限于核电站爆炸期间，其最可怕的地方在于事故产生的核辐射。核辐射是原子核从一种结构或一种能量状态转变为另一种结构或另一种能量状态的过程中所释放的微观粒子流，其可以引发电离辐射。电离辐射会导致人体细胞死亡，当人体细胞死亡达到一定数量时，会导致人体死亡。截至2018年2月，当地已诊断159人患癌，34人疑似患癌。其中，被诊断为甲状腺癌并接受手术的84名福岛县患者中，8人癌症复发，再次接受了手术。

上面两个核泄漏事故大家都有所耳闻，但实际上，除这两个典型事故外，因核电站安全管理不善引发的事故仍有例可循。例如，1979年3月28日发生在美国宾夕法尼亚州的三英里岛核事故，1987年9月13日发生在巴西的戈亚尼亚核事故，1999年9月30日发生在日本东京东北部东海村铀回收处理设施的核事故等。世界各国因核事故带来的损失不可估量，整个城市可能都会陷入长时间的瘫痪状态。

毫无疑问，核能是一种清洁能源，但它不一定是一种绝对安全的能源，核电站的安全管理十分重要。因此，在建设核电站及将核能投入使用的时候，人们需要着重加强对核电站的安全管理。

在研究如何加强对核电站的安全管理之前，我们需要明白目前的核电站存在哪些安全隐患及未来的核电站发展将要迎来哪些安全方面的挑战。

目前，核电站的安全管理主要涉及3个方面的问题：核泄漏安全问题、核电站发电系统设备故障问题、核电站安全监督管理问题。我们对核电站进行管理的时候需要关注这3个方面的"内忧"和"外患"，但凡有一个出现了纰漏，都有可能造成难以控制的局面。

过去的核电站安全管理对管理人员的依赖性非常高，然而人类在一些突发情况或者自然挑战上很难及时进行处理。日本福岛核事故就给了日本深刻的教训，他们在抗震经验和抗震技术上可谓相当成熟，但由于低估了自然的力量，他们未对9级地震设防，更未对大海啸设防，直接导致当事故来临时，他们无法及时、准确地做出决策，也没有相应的应对措施，只能束手无策。因此，寻找一种方式对核电站安全做到"绝对"确保而不是"相对"确保十分重要。

切尔诺贝利事故促使人们在反应堆控制中引入人工智能技术，以提高反应堆运行的安全性和可靠性。接下来介绍两种应用在核电站安全管理上的技术。

1. 模糊神经网络

模糊神经网络是近年来人工智能技术的一个发展热点，它是由模糊逻辑和神经网络结合衍生而来的。因为模糊逻辑和神经网络优缺点具有明显的关联性和互补性，因此，二者可以取长补短，很好地融合在一起。

由于模糊神经网络技术不依赖于对象严格的数学模型，噪声或过程变量的漂移不会导致控制器性能的下降，因此，在反应堆的功率控制、故障诊断、建模和可靠性分析、改善温度响应等方面得到广泛应用。神经网络强大的学习能力使得它在整体运行监控、过程数据监督、震动分析、机器故障诊断、暂态识别、系统控制、控制棒磨损检测等方面的应用也日益成熟。

模糊神经网络的应用有效地提高了反应堆系统的容错性、鲁棒性和可靠性，以及在测量装置老化、控制器反常和出现异常瞬态下系统的安全性，是一种功能多样的技术。除此之外，它的使用不需要知道所服务对象的精确数学模

171

型，运行方式与人脑思维很相似，在反应堆应用研究中取得的研究成果已经引起核工业界的广泛关注。模糊神经网络技术的应用主要体现在以下几个方面。

（1）功率分布控制

维持堆芯的功率在可接受的范围内是功率分布控制的基本目标。由于氙集中度、功率水平和燃耗均会影响堆芯的空间功率分布，传统的手动操纵或优化方法难以使系统的控制性能达到预期的目标。因此，在压水堆的堆芯功率分布控制中采用了模糊神经控制算法，将来自堆芯各区的数据作为模糊神经控制算法的输入。堆芯区域间的耦合作用通过解耦方法加以解决，解耦后的各区采用模糊神经控制器分别加以控制。

（2）故障诊断

在工业系统中，故障的监测和分离有着重要的意义。为避免系统性能下降、机器磨损而导致威胁健康甚至生命的事件发生，对故障的早期监测非常重要。迅速而准确的诊断有助于在紧急情况下做出适当的策略，并采取正确的行动。传统的故障诊断方法是对核电站系统中的某些变量做检测或者采用冗余传感器来进行，这种方式的弊端是检测水平不高且局限性很大。专家系统的兴起推进了检测手段的发展，但专家知识的不完备性往往会导致故障状态的遗漏。因此，人们引入了模糊识别技术，用模糊神经网络实现冗余的模糊推理，很好地解决了上述问题，在实验室测试中更是表现出了极大的优越性。

（3）核燃料质量检查

核燃料在投入运行时对其质量要求很高。燃料球的裂缝、缺口等均威胁到反应堆的安全运行。目前，对燃料组件生产的质量控制仍采用人工方式，这种工作枯燥、易出错。为尽量降低操作员所受辐射的伤害，提高质量检查的准确性和速度，Keyvan等人运用模糊神经网络，对燃料球的自动监测进行了可行性研究。

2. 深度学习

核能产业链主要涉及核工业的设计、运营和维护。深度学习（DL）技术可用于实现核工业过程中人员很少甚至没有人员的智能操作和管理。近年来随着人工智能概念的兴起，深度学习作为人工智能的一种重要技术手段，在核工业中得到了广泛应用，在智能核工业领域的理论研究和应用研究取得了很大进展。深度学习具有标准化、系列化、大规模生产、研究和开发新一代智能核工业的能力。因此，将深度学习技术应用于核能产业链，可以促进核工业的信息化、数字化和智能化发展，保证核电站的运行安全。核电产业涉及核燃料供应、核电设备制造、核电工程设计与施工、核电技术服务与保障、核乏燃料后处理、放射性废物处置等方面，每个方面都有可能存在核电站的安全隐患。核电是最常见的核工业体系，核电安全是核电中最重要的部分，也是与深度学习技术相结合的核工业最广泛的应用领域。

深度学习方法通常用于核工业中的计算机视觉应用，通过基于CNN的深度学习方法，核工业的安全管理、操作和维护及核医学诊断可以实现智能化。文本/文档数据、传感器信号数据和音频数据属于序列数据。RNN通常用于信号处理和序列特征提取，可进一步用于核工业的智能操作和安全预测。

除此之外，设备关键部件的风险评估和监测对于核工业的安全运行也非常重要。常见的风险评估和监测方法是通过RUL（剩余使用寿命）预测关键部件的故障，从而实现核工业的安全和健康管理。具有强大特征提取能力的深度学习技术越来越广泛地用于核工业关键部件的RUL预测。相信随着智能制造的不断推进和深度学习技术的深入发展，深度学习技术有望全面渗透核能产业链，核工业智能化也将迎来重大发展机遇。

切尔诺贝利事故、日本福岛核事故一直提醒我们，核工业的安全非常重要。如何提高核电站的安全性和可靠性一直以来都是核电领域的核心课题，一方面要保证质量和效率，另一方面又要保证操作和实现的难易程度。以新一代信息技术在工业领域的应用为核心技术驱动力的第四代工业革命正在悄然到来。随着近年来核工业的发展和进步，以及人工智能、大数据、云计算、物联网和5G技术的发展，核工业的数字化、信息化、网络化和智能化已成为必然趋势。

第二节　核电站系统与设备健康的智慧监控

人类每隔一段时间需要进行全身健康检查，检查出病症就治疗，没生病则让人安心。与人类一样，核电站的设备和系统也需要进行健康监测和控制。核电站的运行错综复杂，涉及规模和复杂性不同的系统、结构和设备。许多大规模的设备在无法及时检测其故障时，可能会导致核电站功能的丧失或效率的下降，在这种情况下会影响核电站的安全管理或者提高运维成本。除此之外，对核电站反应堆产出的废料和排放的气体等进行监控，将监控得出的数据反馈给操作人员，人们便能够及时地从数据中分析核电站是否运行正常，或者寻求更优的方案改进核电站反应堆的反应情况。

核电站设备和系统直接影响着核电站带来的经济效益和运行时的安全，研究开发人员也可通过监控数据对核电站进行优化和更新，因此，我们需要对其进行实时监控，研究和开发一套高效的监控系统对核电站运行意义重大。

核电站监控负责的范围很广，从核岛、常规岛、核电站配套设施到核电站的安全防护措施等系统都需要监控。核岛是核电站的核心部分，主要部件为核反应堆、压力容器（压力壳）、蒸汽发生器、主循环泵、稳压器，以及相应的管道、阀门等组成的一次回路系统，这些系统也都需要监控系统对其性能和设备进行监测和控制。

目前，一些基于固定逻辑的专家系统、辅助决策和故障诊断系统等基础的人工智能系统已经应用到核电站运行领域，起到辅助运行人员监控核电站的作用。但是，在安全性和复杂性水平很高的核电站运行中，存在很多难以用公式或者算法描述得清楚的任务和功能，运行仍然需要人工进行判断和操控，从而降低了运行效率，人工判断和操控的弊端也会体现出来。因此，我们亟须一种智慧监控方法，用于降低运行人员的工作负荷，从而更好地对核电站运行的安全进行管理。

智慧监控中的"智慧"主要体现在丰富多彩的人工智能技术上。美国麻省理工的伊尔迪兹首次结合使用贝叶斯网络和神经网络技术，提供有关受监控设备组件的补充概率性能状态估计和故障诊断，该技术使得实时实施在大规模、复杂的问题领域是可行的。将神经网络技术应用于核电站智慧监控也是常用的一种手段，利用ANN能够监控核电站运行中的异常情况，该方法通过检测来自实际核电站的过程信号与来自核电站模型的相应输出信号之间的偏差的异常进行训练，训练得到的模型在落地应用时，能成功地实时检测出小异常的症状……人工智能技术的应用还有很多，接下来简单介绍核电站智慧监控的几个落地垂直应用的例子。

1. 智能诊断平台 PRID

核电机组在运行过程中系统及机组各监测设备都会产生大量的状态数据，这些状态数据会被记录并保存在核电站数据库中。当核电机组的系统或设备发生异常或出现故障时，故障敏感的状态数据相对于正常的状态数据会发生轻微或者较大的变化，这些状态数据的变化可以用来分析和判断设备是否出现了故障并揭示不同的故障类型。由于核电工艺复杂、系统众多，依靠人工在海量数据中进行经验故障判断，需要大量的工作实践累积，对操作员的专业素养要求极高。中国核动力研究设计院研发的反应堆远程智能诊断平台 PRID 见图 5-5，它使用自主开发的智能诊断分析算法，对关键设备能准确、及时开展智能诊断分析，提出运维策略，开创了信息化、一体化、智能化的核电关键设备运维新模式。

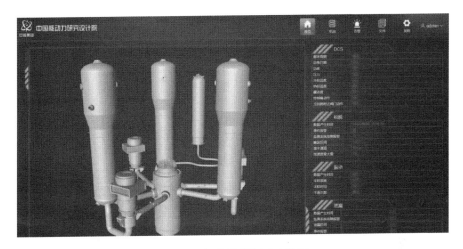

图 5-5　智能诊断平台 PRID

智能诊断平台PRID是全国首个针对核电关键设备的智能运维平台。在中国国际大数据产业博览会上，该平台从千余件案例中脱颖而出，入选2019年"十佳大数据案例"。智能诊断平台PRID可以实现群堆状态下的反应堆关键设备智能诊断的可视化展示，支持远程诊断，显著提高了关键设备诊断分析的质量和效率。

2. 核电站辐射监测系统

核电站辐射检测是伴随核应用兴起的一种保护人们生命健康的技术，该技术通过检测放射源附近的放射性水平，根据核辐射防护经验进行危险程度判别。现有的核辐射检测技术存在很多缺点：一是只能根据事先设定好的防护标准进行风险判别，难以处理复杂的辐射状况；二是监测到的原始数据难以反映复杂的真实情况，且对监测人员专业性要求很高；三是各个辐射检测仪单独检测，不能很好地反映监测环境的威胁态势。

为确保核电站的运行安全，防止核电站正常运行或事故状态下放射性物质泄漏外溢，在核电站的设计和建造中，需考虑对核电站进行四重保护屏障的设计，而核电站辐射监测系统则是确保四重保护屏障核安全的重要措施之一。通过核电站辐射监测系统的引入，由至少一台核辐射探测仪对各个探测点进行放射性检测，生成辐射图像数据和对应的GPS地理数据。核辐射探测仪根据辐射图像数据进行初步风险评估和预警，同时将辐射图像数据和对应的GPS地理数据通过物联网实时上传给云端大数据处理模块。云端大数据处理模块使用预先训练好的辐射图像检测模型对所述辐射图像数据进行精确分类识别，同时利用本次的数据对模型进行训练。将识别过的辐射图像数据和对应的GPS地理数据进行合成，生成合成数据，并对所述合成数据进行风险评级。将所述风险评级信息发送给风险信息接收模块和核辐射探测仪，风险信息接收模块将接收到的风险评级信息传递给监测人员，由监测人员通过风险预警单元启动相应的防护预案。通过上述操作，核电站保护屏障的完整性和有效性将会得到巩固，人们的安全也能得到保障。

3. 核电站混合智能状态监测

核电站是一种高度安全的系统，在不同的功率模式下具有多种运行状态，需要更先进的技术来实现状态监测。世界各国对核电站的状态监测及故障诊断技术进行了大量研究，也取得了一定的成果。中国就核电站状态监测方面颁布了行业标准《核电厂压水堆堆内构件的振动监测》，该标准对早期监测反应堆压力容器堆内构件的性能退化和故障的仪表、分析方法和监测程序提出了要求，从而对堆内构件和一次回路部件的动态结构进行长期性趋势分析。但是，由于核电发展时间短，对其状态监测和故障诊断积累的知识和资料十分有限，尽管国内外在此方面做了一定的研究工作，但很多仍处于理论阶段，具体应用到核动力设备故障监测和诊断中，其准确性、有效性和使用性还远没有达到要求。加上核电站工作环境恶劣、结构复杂，其运行依靠各个系统及系统之间的配合，系统相关性强，往往一个系统出现问题就会影响全局的状态。这些情况使得在对核动力装置进行故障诊断时需要的信号繁多、症状复杂、故障信号不易得到。所以其故障诊断范畴已经超出了一般的机械故障诊断范畴。因此，如何控制核电站的风险，保证机组安全、可靠地运行生产，是核电站工作人员长期以来不断追求的目标。而为了帮助操作人员尽快、准确地确定发生的故障，采取正确的操作方法，减少事故的发生率，研究和开发核电站故障监测和诊断系统具有十分重要的意义。为了改进状态监测技术，研究者提出了一种基于稀疏自编码器和隔离森林的混合状态监测方法，以实现核电站的状态监测。其中，稀疏自编码器负责数据特征提取和降维，隔离森林负责核电站的异常监测。该方法可以将高维数据转换为低维数据，消除数据的冗余，然后通过高性能监控模型识别状态，提高监控效率和准确性。从测试结果可知，稀疏自编码器可以提取运行数据的性质，采用隔离森林法，在一个工况和两个工况下，分别能达到100%和98%的监测精度。与其他方法相比，核电站混合智能状态监测方法具有明显的优势，该方法对核电站及多工况系统状态监测具有重要意义。

4. 智能核电站异常热源监测系统

核电站的热量分布情况一直以来都是核电站故障预警的关键指标之一。异常热源通常由设备不正常的工作状况引起，因此，当不应该产生大热量的设备被检测到异常的热量分布时，该设备就应该引起工作人员的警惕。为了能够对核电站关键区域展开有效的监控，一种比较新颖的方法是利用无人机摄像的宽视野和高灵活性监控核电站异常热源（见图5-6）。无人机使用盖革计数器收集辐射数据，使用具有非热成像功能的相机收集图像数据，使用温度传感器收集温度数据。辐射数据可通过辐射传感器板获取，通过在侦查过程中连续测量环境温度来检测异常热源。当检测到异常热源时，通过热成像相机进行物体检测。所有采集到的数据通过5G/LTE通信实时传输到天文台，同时，

GPS数据也被传输。

由于无人机的实时成像产生的数据过于丰富，依靠人工逐张检查的方式耗时费力且出错的可能性很高。因此，GPS数据将借助深度学习目标检测算法，比如Yolov3-tiny等，对热成像图片进行智能检测，筛选出异常的热成像图片，再由人工评判是否要启动应急预案，做出最后决断。因此，在发生情况时，人们可以快速确定事故区域的位置。

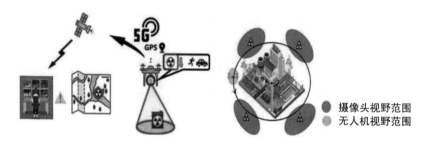

图 5-6　无人机热成像监控核电站异常热源

5. 核电站高辐射条件下的故障检测机器人

国际原子能机构将国际核辐射事件分为0～7级。福岛核事故对应的是7级，属于重大事故。在核电站，应急计划包括对两类事故的准备：设计基础事故和严重事故。这两类事故是根据事故的程度和概率进行分类的。设计基础事故是设计理念中的预期事故。由于核电站设备具有在高温、辐射等恶劣环境条件下服役的能力，设计基础事故演变为严重事故的可能性一般不大。严重事故是指超出设计基础事故条件，从而导致燃料熔化的事故。

尽管核电站发生事故的可能性极低，但是一旦发生事故，对环境和人们的影响非常巨大，因此，核电站事故的紧急预案中应该包括一项机器人系统，用于当核电站发生严重事故时在产生的高辐射环境下工作，或在一般情况下，作为人类助手用于低辐射环境作业。在发生设计基础事故期间，人类是不可能进入核电站的安全壳建筑的，因为温度、压力和辐射水平都太高了。当安全壳相关指标因事故压力高于正常值时，不得打开人员舱口，机器人也无法进入安全壳进行事故状态监测。同样的情况也适用于严重事故。只有当温度降至60℃以下、压力达到大气压力时，机器人才可以被送入安全壳。这个温度是根据机器人中零件的耐温性确定的。据证实，机器人的中央处理器（CPU）是抗温度能力最弱的部分。电力研究协会（EPRI）的一份文件指出，金属氧化物半导体集成电路系统的辐射耐受水平为约10Gy/s（约为$1×10^4$mSv/s）。由于故障检测机器人采用上述电路系统，它可以"存活"到总辐射剂量[①]达到10Gy/s的时候。考虑到福岛核电站事故后的辐射暴露为0.2~300mSv/h，而人类的允许剂量为50mSv/y，这就理解为什么核电站高辐射条件下的故障检测机器人是必不可少的。

图5-7是最新的一项研究中提出的核电站事故处理机器人。机器人系统能够成功执行事故状态监测有3个基本要求：

（1）当机器人在安全壳内移动时，机器人与远程控制器之间的无线数据通信不应断开。

（2）机器人在不平坦的地面（如格栅和楼梯）上行走时，应保持稳定。

（3）在没有GPS信号的情况下，机器人应该能够识别自己的位置。

---

① 辐射剂量的常用单位有吸收剂量、当量剂量等。吸收剂量是单位质量受照物质所吸收的平均电离辐射能量，吸收剂量的单位是 J/kg，专门名词是戈瑞（Gray），符号表示是"Gy"。

不同类型和能量的射线所产生的生物效应会不同，因此相同的吸收剂量未必产生同等程度的生物效应。为了用同一尺度表示不同类型和能量的电离辐射对人体造成的生物效应的严重程度或发生概率的大小，采用了当量剂量。当量剂量的单位也是J/kg。为了与吸收剂量单位的专门名词区分，当量剂量单位有一个专门名称叫希沃特（Sievert），简称"希"，符号表示是"Sv"，实际应用中往往用 mSv、µSv、nSv。mSv 即称为毫西弗。

新研发的核电站事故处理机器人在无线电阴影区使用了Wi-Fi扩展器来解决无线电信号中断问题；为了加强机器人的行走能力，研究人员开发了两腿和四腿可转换行走、地板自适应脚、球形防御跌倒设计，以及跌倒后自动站立恢复方法；为了让机器人确定其在安全壳建筑中的位置，使用了条形码地标阅读方法。当发生严重事故时，该机器人能够顺利用于事故处理。

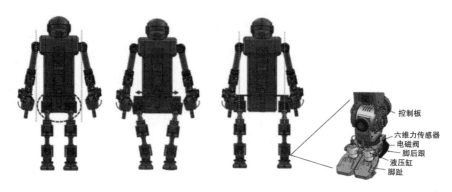

控制板
六维力传感器
电磁阀
脚后跟
液压缸
脚趾

图 5-7　核电站事故处理机器人

6. 红外成像智能监测核电站运行状态

核电站由诸多安全部件组成，这些部件由操作员监控。由于核电站中有许多重要的变量，这些变量变化快速，每时每刻都不一样，因此，操作人员对核电站瞬态状态的监测判断有时会出现错误。例如，1979年三英里岛2号机组事故中，由于状态信息不足，人们无法充分了解核电站的状态，致使运营商决策失误，设备出现故障，造成严重事故和堆芯损坏。拥有一个附加的、不同机制的测量方法，可以从不同的角度提供信息，以帮助减少人为错误。准确诊断核反应堆的状况，确定事故发生的原因和位置，可以使操作人员更容易识别和解决问题，从而增加防止堆芯损坏的可能性。因此，在现有核电站系统诊断方法的基础上，辅助运行人员对系统状态进行监测对于提高核电站的安全性是必不可少的。

当前，对监测技术的研究有红外成像结合卷积神经网络辅助检测人员进行状态判断，该技术结合了基于小尺度和广域红外（IR）技术的热图像测量和基于深度学习的状态分类模型。在该技术中，每个主要部件都通过红外摄像机实时可视化，深度学习模型通过测量的红外热图像来判断各个部件和整个系统是否出现异常，如果发生事故，则确定事故的类型和主要位置。与使用人工智能安全分析代码诊断核电站状态的研究不同，该技术从集成测试设备中获取训练卷积神经网络的数据。为确保可靠性，集成测试设备稳态工况设计采用三级标度法，根据韩国先进压水堆ARP1400等比例缩放构建模型设备（见图5-8）。

图 5-8　集成测试设备

仿真的热工水力实验装置用来模拟核电站可能发生的各种故障，通过广域红外线摄像机来获取用于模型训练的图像数据。但由于高分辨率红外线摄像机安装困难、热数据传输困难、成本高昂，尽管采用了非接触式、直观式的监测方法，但利用现有红外线技术实现系统规模的诊断仍有困难。因此，与该检测技术配合使用的摄像机连接技术Raspberry Pi，被用于安装红外线相机，以高效、稳定地获取核电站整体运行状态的红外成像数据。

卷积神经网络因其对图像超强的特征提取能力，被广泛用于各类视觉任务中。在获取到足够的核电站运行状态的红外成像数据后，便可以开始进行CNN训练了。训练好的CNN可以对实际的红外图像进行分类，从而实现对核电站运行状态的诊断。对构成核反应堆的主要部件进行准确、及时的诊断，能够提高核反应堆的安全性。

核电站状态智能监测网络见图5-9。系统诊断需要一种测试时间短、热图像精度高的分类算法。对于一个由众多部件组成的大型系统，只通过诊断部件来进行事故类型分类具有一定的挑战性。总体来说，这是一种基于深度学习的热图像诊断事故分类方法，应用于核电站运行状态的辅助监控，能够及时向工作人员反馈，有效提高核电站运行维护的安全性。

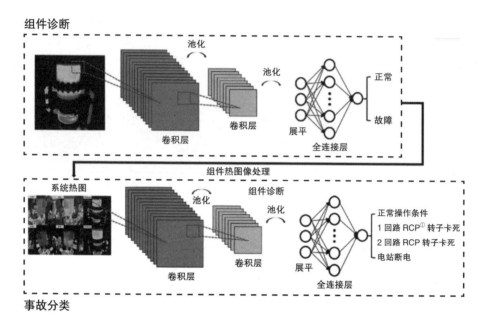

图 5-9　核电站状态智能监测网络

7. 遥感网络对核电站水位检测

水是核电站的关键资源，尤其是对于压水堆而言。例如，核电站的乏燃料池内（或存储）的水不仅可以冷却衰变热，而且可以防止任何可能的辐射场泄漏。因此，即使在海啸、地震等各种自然灾害造成物理破坏之后，必须向主控制室（或紧急操作设施）提供。

然而，正如我们在福岛核事故中观察到的那样，灾难性事件严重损害了水

---

① RCP：反应堆冷却剂系统。

管理（如监测）系统，尤其是在电力损失的情况下。随后，美国核管理委员会（NRC）发布了一项命令，要求所有美国的核电站在其乏燃料池中安装3个不同的水位仪表，以进行远程监测。这表明，人们对远程监测水状态的技术有强烈的需求。

针对这一点，近年来研究者提出了一种采用光纤传感器的遥感网络（以下简称"OFS网络"）。由于OFS网络具有各种优点，如无源/遥感特性，以及对选择电磁推断和辐射的良好容忍能力，因此越来越受到关注。此外，OFS网络可以很容易地应用于许多不同的工业领域，包括电力电缆的热点监测、外部入侵、铁路监测、结构健康监测等。无源光纤传感器网络对乏燃料池水位的实时监测装置见图5-10。该装置使用了放大自发发射光，其光谱根据光纤平台的水位进行编码。无源光纤传感器网络可以在距离SFP[1]40km的监测站识别17个不同的水位，而不需要在偏远的地方使用任何有源设备（如光放大器）。无源光纤传感器网络操作方法简单、处理速度快，具有良好的乏燃料池的远程水位检测能力。

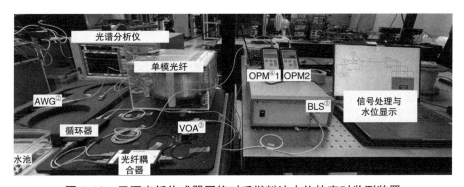

图5-10 无源光纤传感器网络对乏燃料池水位的实时监测装置

---

① SFP：小型可热插拔光模块。

② AWG：美国线规。

③ VOA： 可变光学衰减器。

④ OPM：光功率计。

⑤ BLS：宽带光源。

8. 智能人机系统

未来核电站开发智能人机系统的目标是通过应用认知科学、人工智能和计算机技术的最新进展来实现对核电站系统和设备的监控，从而使核电站更好地运行。为了实现这一目标，智能人机系统的目标是支持操作员监督核电站控制任务中基于知识的决策过程，其主要由3个功能组成：基于认知模型的顾问、强大的自动序列控制器和生态界面。这3个功能已集成到控制台式核电站监测和控制系统中，目前该系统在核电站运行中效果良好。

对核电站进行智慧监控的好处远不止于此，目前，智能人机系统还用于监控核电站周围安全，识别入侵行为并报警。与此同时，智能人机系统还能在核电站发生事故时，起到预警和决策指挥的作用。在出现火情、海啸、地震、干旱等灾害的时候，智能人机系统能够在智慧监控下自动发出预警信号，完善核电站的应急处理计划和措施，为政府、核电站单位应急指挥中心建立了严格的远程24小时视频监控和监控管理体系，从而保障国家物资能源安全和人民生命财产的安全。

第三节　人工智能在核电站退役中的应用

1. 核退役问题

传统核电站的退役问题，长久以来一直给该行业带来巨大的挑战。因为在核电站退役工作中，需要大量的时间和金钱投入，工人们不得不穿着充气服多次前往污染地区，因此，核工业领域机器人应用一直是人们长期关注的重点。

曼彻斯特机器人和人工智能中心团队认为，在核工业发展中，自动化应用空间要大得多——但是在核设施中使用机器人的例子并不多。这个空缺导致了Lyra的诞生，Lyra是一款机器人，被创造出来用于进入人类无法进入或不安全的区域。刚开始时，没人想到这款机器人会被评选为《时代》杂志2022年最佳发明之一。要达到这一点已经十分不易，但Lyra是加快传统核设施退役步伐的重要一步。Lyra被用于测量杜恩雷核电站的地板下管道见图5-11。

图 5-11　Lyra 被用于测量杜恩雷核电站的地板下管道

2. 工作原理

Lyra（见图5-12）有5个测量 γ、中子、β 和X射线的辐射探测器。当它行驶时，收集辐射测量值，从中可以得到管道或其他环境中放射性水平的完整地图。它还有一个机械手，可用于在不同位置采集拭子。随后可将拭子送至实验室进行分析。使用电缆连接容易出现各种问题，可能导致放射性污染，因此Lyra使用无线连接。不过，Lyra有一根类似钓鱼线的回收管线，使其在发生紧急情况时能够被收回。该回收管线非常细，因此不被视为污染问题。

在核电站部署机器人的一个主要问题是，如果使用机器人的地方有任何移动污染，机器人本身就会受到污染。由于不容易得到有效净化，机器人很可能需要被作为废物处理。机器人部署在核工业中带来的高昂成本，甚至可能超过穿着充气服的工作人员的薪酬。为了解决这个问题，业界决定设计一种低成本的机器人，该机器人可以高标准地执行工作任务，如果有必要，可以随时被"牺牲"掉。

图 5-12　Lyra 示意图

在Lyra之前，人们研制了一台名为Vega的机器人，它部署在杜恩雷核电站退役点。虽然Vega能够有效地执行所需的工作任务，但它没有足够的动力来应对部署管道中的意外瓦砾。杜恩雷核电站远视角见图5-13。

图 5-13　杜思雷核电站远视角

3. Lyra 的应用

研究团队成员马修·南切基维尔（Matthew Nancekievill）和凯尔·格罗夫斯（Keir Groves），从杜恩雷核电站退役的经历中总结经验，研制了 Lyra。它具有与 Vega 相同的方式运行，同时具有应对挑战性地形所需的额外动力。在模拟管道中进行测试后，很明显，Lyra 能够胜任杜恩雷核电站退役的工作。Lyra 被用来调查一条放射性污染管道，该管道位于核电站与实验室之间的中央走廊下方。Lyra 完成了 400 次现场工作，相当于 2250 个小时，Lyra 的使用使成本降低了约 500 万英镑（约合人民币 4700 万元）。遗憾的是，由于长期接触受污染的材料，Lyra 不得不被丢弃。在英国乃至世界各地，将有无数即将退役的核电站，机器人技术在未来会发挥更大的作用，并给行业带来持久影响。

第四节　感知、认知与决策：核电站智能运维

在数字经济持续扩张的背景下，各行各业的企业都有利用数字技术解决方案实现转型的迫切需要。人工智能是利用数字计算机（或数字计算机控制的机器）模拟、延伸和拓展人的智能，感知环境，获取知识并使用知识，从而得到最佳结果的理论、方法及系统。人工智能的应用领域主要包括深度学习、自然语言处理、计算机视觉、智能机器人、自动程序设计、数据挖掘等方面。其中，数据是该项技术的底层基础。在学习的过程中获得的信息，对诸如文字、图像和声音等数据的解释有很大的帮助。而人工智能的高级阶段当属决策智能，表现为机器学习、深度学习、无监督算法的集合，可实现机器对人类"大脑判断决策"的替代、对机器的"人格化"及对人类神经网络的"机器化"。

设计具体的感知决策、执行一个智能核电运维系统，可以将相关模块分为3个责任明确的部分，分别是感知系统、决策系统和执行系统。感知系统也被称为中层控制系统，负责感知周围的环境，并进行环境信息与系统设备信息的采集与处理。决策系统也被称为上层控制系统。例如，在核电站危险区域的机器人作业中，负责路径规划和导航，通过执行相应控制策略，代替人类做出决策。执行系统也被称为底层控制系统，负责向被控设备传输相应的操作指令，主要由电子制动、电子驱动及电子转向构成。通过感知系统、决策系统和执行系统的分工协作，将能够责任明确地控制核电站相关设备的智能维护。

由于核电站具有安全要求高、风险管理控制严格、事故后造成不可估量的巨大损失的特殊性，异物控制是核电站运行中不可缺少的一环。异物控制对核电站安全至关重要。目前，核电站异物检查主要是通过制度约束和人工检查来监督，以防异物分级管理策略、完善的培训机制和异物事件监督检查为主要的防异物对策，采用对配备安全工具和仪器的人员进行设备检查、人员自检和互检、对工具和仪器的完备性进行监督等方式。在设备管理和人员管理方面，大多还是采用人力服务，浪费了大量的财力和物力。此外，由于人工观察的特点，很难保证管理的无误差特性。因此，针对当前核电电机维修场景中异物事件频繁发生的情况，一种使用计算机视觉算法辅助的智能运维方法应运而生。使用先进的目标检测算法精准识别进出核电站的设备和工具，当出现未知设备时，对异常情况进行报警，引起核电站维护人员的注意，并由工作人员做最终决断。利用计算机视觉技术对进出核电站的设备和工具进行检测，增加了电厂运行维护的安全性和可靠性。

在核电站的多种运行模式中，紧急运行是一种人工操作时容易发生错误的环境。因为在紧急情况下，核电站运行条件的频繁变化会给操作人员带来巨大的压力。特别是在紧急情况下，错误的可能性应该减少，错误带来的影响应该最小化，因为操作人员的任何错误行为都可能导致严重的后果。此外，在发生人为错误的情况下，如果没有及时采取恢复措施，错误的影响可能会随着时间的推移而增加。因此，有必要发现任何已经发生的错误，并尽快采取应对措施。在核电站紧急运作的工作环境中，工作负荷（包括压力）都很高，在不增加额外负担的情况下，一个能够减少操作人员工作量的辅助系统将是有益的。

人为错误是造成核电站安全事故的很大一部分原因。更具体地说，已揭示的人为错误占堆芯损坏事故的一半以上。众所周知，人为因素（如违反操作程序）是历史上大多数核事故的直接或间接原因。因此，人们有一个明确的共识，那就是必须更详细地考虑人为因素在安全隐患中的地位。自从 TMI-2 事故①以来，人们对人机系统接口进行了各种改进，以防止人为错误。由于核电站由操作人员在主控制室操作和维护，人机系统接口的显著改进集中在主控制室接口的设计和操作人员支持系统的开发。操作人员支持系统的目的是通过部分替代操作人员的工作或帮助操作人员完成他们的工作，减少人为错误。特别是自数字化核电站的概念提出后，人们对计算机操作辅助系统和操作自动化进行了各种研究。在现代核电站中，引入计算机化支持系统是相对容易的，因为各种电站系统的仪表和控制系统的设计正在迅速走向完全数字化，但由于核电站设计的保守性（即难以获得监管机构的批准），它很少成功地应用到实际的核电站中。

近年来，由于深度学习技术的快速发展，人们尝试将人工智能技术迁移到核工业。在事故诊断自动化方面的研究中，我们可以找到应用人工智能技术替代或辅助操作人员的例子。这些研究表明，人工智能技术具有较高的精度和良好的性能，有助于提高现实中核电站的安全性。然而，由于安全在核工业中非常重要，在采用人工智能技术等新系统或方法之前，对技术的彻底验证是先决条件。因此，一个被称为"隐藏智能助手"的操作员支持系统（核电站智能维护助手，见图5-14）被充分研究。该系统能在紧急情况下检测到人为错误，并向操作员提供信息。该系统的作用在操作者执行正常任务时体现并不明显，只有当发生人为错误时才会体现出来。

该系统确认操作人员的操作，并通知操作人员人为错误，以防止对核电站完整性的不利影响。运行验证由两个模块组成，即通过程序符合性检查模块和

① TMI-2为一台功率为959MW（880MWe网）的反应堆。TMI-2事故发生于1979年3月28日，当时反应堆正以97%的功率运行，其涉及二次回路冷却回路中的一个相对较小的故障，导致一次回路冷却剂的温度升高。这导致了反应堆自动关闭，关机大约需要一秒钟。此时，一个安全阀未能关闭，但仪表没有真实显示，一次回路冷却剂大量排出，导致反应堆堆芯中的衰变热没被及时排出，堆芯因此遭受严重损坏。

系列影响评估模块的比较。这两个模块都采用了神经网络的预测算法，前者预测操作员的决策结果，后者实现核电站参数预测策略。该系统最大限度地减少了操作人员认知负担的增加，因为它只在错误可能对核电站的完整性产生不利影响时才提供附加信息。

图 5-14　核电站智能维护助手

数字化核电站要以现场的实时数据和信息为基础才具有实际的意义，而这些实时的数据信息同样也是认知与决策的来源。智能型传感器、变送器和执行器（智能型仪控设备）的采用，提供了设备的状态、诊断及历史统计数据，便于核电站实现状态维修、性能优化、寿命评估、健康管理等功能，从而切实提高核电站的信息化水平。与传统仪控设备相比，智能型仪控设备具有可提供的信息量大，配有自协调、自适应、自诊断、自校正等功能，可借助于通信协议或无线、蓝牙、红外等手段实现海量数据的信息传递等多重优势。因此，智能型仪控设备应用于核电站，将对核电站的运维产生深远的影响。

核电站仪控设备的运维包括预防性维修、定期试验和日常定期巡检。远程智能运维系统对现场的智能型仪控设备可进行自动的无人巡检及实时监控。

利用传输到远程智能运维系统的各核电现场数字化仪控系统设备数据、环境数据、设备的过程数据等，依托可靠性实验室的研究成果，对现场的各种数据进行时间和空间上的分析，同时结合专家系统模型、深度学习等方式，对智能型仪控设备进行健康状态分级，实时推送故障信息及维修策略建议，并进行维修预测。远程智能运维系统根据设备故障状态，在备件集约化共享中心进行动态管理、在库检测、物流综合调配，并根据备件的消耗信息、未来使用状态和预测情况，提前向设备生产线提供预测生产计划，实现从需求到调配、再到生产等各环节的良性循环，很好地解决了核电站备件采购周期长、供应不及时等难题。远程智能运维系统主要包含实时监控、生命周期管理、数字化仪控系统集约化备件、专家系统、系统管理、移动应用等模块；按照功能分为3个区域：远程智能运维系统中心、核电站远程运维端、数字化仪控系统设备数据采集端，分别处理不同区域的业务功能需求。

在设备的定期巡检中融入人工智能技术，可以发展出核电站智能巡检系统。核电站智能巡检设备的管理可以实现对不同环境下核电站重要设备设施数据进行收集，以获得实现管理所必需的数据信息，并为数据分析工作奠定基础。当设备出现故障时，应立即开启缺陷管理流程，根据设定流程完成传递工作，判断缺陷类别，实现综合性的目标。在运行过程中，巡检人员会运用智能巡检系统的终端进行巡检。在检查的过程中，智能巡检系统协助巡检人员既可以系统、完整地检查所有设备，又可以对其中任意一个设备完成精细的检查。巡检人员应按照设定好的路线进行设备检查，在对准设备电子标签和智能巡检终端之后，利用无线电射频技术对该标签编码进行扫描，其对应的设备号便显示出来。巡检人员可以选择查看该设备的信息，并及时完成对设备及巡检情况的详细记录。在遇到设备故障时，应该完善缺陷类型，及时记录缺陷信息，并且适当进行自行表述。

此外，由于核电站作业区域是特殊环境，为防止无关人员随意出入，利用新技术设计人脸识别系统非常必要。一方面，合法的人脸数据会被保存在智能巡检系统的后台数据库中，当在识别区域出现人脸信息时，设备就会对该信息进行及时收集，并立即完成与后台数据库信息的比对，最终判断是否允许该人员进入核电站作业区域。如未完成相应匹配，智能巡检系统会发出警报。同时为了防止恶意闯入，智能巡检系统还能够自动完成报警操作，对异常人员进行定位和监控，从而避免危险情况的发生。利用智能巡检系统可以保证操作的准确性、可靠性和安全性，降低危险发生的频率。智能巡检系统可以通过设备运行时所产生的实时数据，准确判断设备的运行频率，有利于人们准确把握作业效率、确保工程质量。同时，智能巡检系统还可以增加"最后确认"的步骤，即由二分类决策模型输出判断结果，确保相关人员已到位、开关分合状态完全正确、操作后设备状态完全符合等，在模型具有较高可信度的前提下，能够显著降低安全事故的发生概率。另一方面，核电站作业区域分为危险区域和高度危险区域（即禁区）。为了防止安全事故的发生，这两种区域中都不允许无关人员随意进出，因此，在对核电站的各台设备进行施工时，应严格控制指定区域的人员流动情况，如有非备案人员进入危险区域或者禁区，智能巡检系统应在发出警报的同时实时监控其行为，避免因为无关人员的错误操作而对核电厂造成威胁。上述这些操作可通过人工智能技术中的图像识别、行为检测、人体运动趋势预测、视频逐帧分析等技术实现，同样是数据驱动的核电智能运维新技术。

在几次严重的核事故发生后，一些运用人工智能技术的智能核电运维系统，以其相比于人工操作具有更高的响应度和保真度而出现。美国轻水堆高级模拟联盟建立了一个集反应堆设计、运行预测和分析于一体的超级计算机平台，这是一个真正意义上的信息物理系统。该系统的渲染可以用于多物理、多尺度和多流程的反应堆建模。利用基于人工智能的数据驱动方法，主要是大数据和机器学习，来保护原始物理系统不被简化和理想化。许多研究采用人工神经网络表示核物理实体，作为智能核电运维系统可以自处理的模式，如稳压器、堆芯和其他设备。此外，核能发电的特殊性促使智能核电运维系统必须处于人类的监督和控制之下。图5-15显示了以人类决策为中心的智能核电运维系统，共有6个单向箭头表示相互之间的连接。人类和物理系统是具体制造活动的实体，这些活动作为基础支持，围绕整个操作系统体系进行结构安排。在人类作为监督者的智能核电运维系统的包围下，网络系统是整个架构的核心，是融合了智能技术的"代理"。

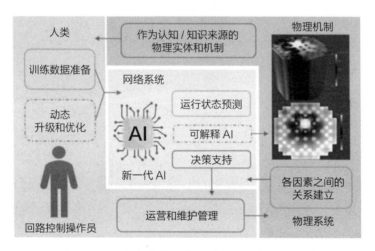

图 5-15 以人类决策为中心的智能核电运维系统

物理实体为人类获取物理机制和知识提供了思维来源。人类对核反应堆运行和维护的决策和调整又直接作用于物理系统。在建立运行模型之前，人类需要准备核反应堆运行的数据和感知，以构建机器学习框架。由于操作条件和操作数据趋于丰富，人类需要相应的动态调整和优化操作框架。网络系统生成的信息使人类能够在战略上制定高层次的决策，这是智能核电运维系统的感知、认知配合人类决策的一种成功实现。

其他智能核电运维技术有以下几种。

（1）智能核电调试管理

通过建立标准化的调试技术体系，形成标准化的技术数据库，建立完备的调试成本数据库。智能核电调试管理通过健全的经验反馈体系，建立经验反馈数据库，可满足调试计划、过程与调试数据管理和移交的基本管理需求，为后续项目提供借鉴与参考，从而为核电站数字化移交提供保障。智能核电调试管理以调试计划为驱动，以问题管理为导向，以调试准备、实施、移交为主要业务流程，实现调试业务流程电子化、操作规程结构化；建立与设计、采购、施工及运行的信息集成与数据共享，实现调试业务的全生命周期管理。

（2）核电站运营管理

基于核电站数字化交付成果，构建核电站运营配置数据库；研究基于运行监控实时数据的故障预测、诊断分析；研究设备可靠性与维护检修精准化技术支持体系，为设备高效、可靠运行提供保障；推进核电站安全分析数字化、高风险作业三维模拟化、应急演练仿真化，提升核电站运行的安全管控能力；开展机组运营绩效对标，支持机组运行绩效改进，为核电站运营标准化、数字化和可视化奠定基础。

（3）决策支持

基于数据仓库和数据挖掘，大数据应用逐步实现生产、经营、安全等信息的汇总查询，对运行指标、经济指标等数据进行统计分析，提供多种分析模型和预测模型，以多种图表形式展现，为核电站及核电企业提供高效、及时、准确的信息。

（4）数据安全保障

对于核电信息系统而言，安全性无疑是至关重要的，核电数据与一般信息服务数据相比，在安全认证机制的灵活性和数据的可靠性方面要求更高。安全问题主要涉及认证、授权、审计、加密等方面，进行安全管控的总体目标是实现大数据的用户安全和数据安全。用户安全面向访问大数据平台的用户，主要研究其身份认证的安全、权限控制的安全，保证合法的用户能够访问大数据平台上指定的组件和数据。数据安全是指存储在大数据平台上的数据全生命周期的整体安全，研究内容包括数据源的安全、数据加密、数据脱敏、数据访问的审计等方面。

　　核能发展虽然历经波折，但总体而言具有广阔的前景，特别是蓬勃发展、不断更新迭代的智能技术与核电技术深度融合，既为核电行业的深刻变革提供了核心驱动，又为核电的稳定性、可靠性提供了技术保障。

第五节　从现场到总控：数据与知识双向驱动的智慧核电站

人类的智能活动主要是获取并运用知识，可以说，知识是智能的基础。为了使计算机具有智能，能模拟人类的智能行为，就必须使计算机具有知识。因此，早期的人工智能方法通常基于这样一个假设，即智能可以通过知识库和符号操作来实现。符号人工智能的典型应用是专家系统，专家系统通过构建大量的判别规则来进行问题的推断，就像编程语言中的"if then"处理逻辑一样，符号人工智能被设计成基于符号表示的输入、符号规则逻辑处理和结果输出。当问题涉及不确定性知识表示时，可以辅以模糊逻辑等不确定性推理方法。基于经典数理逻辑的知识表示和符号推理方法又被称为人工智能的符号主义或逻辑主义学派。基于符号的规则逻辑设计严重依赖专家知识和经验，所以大部分专家系统仅仅局限于某一细分领域的应用。客观来讲，这种知识驱动方法促进了早期人工智能的发展，特别是在逻辑证明方面。此外，在基于知识库的专家系统研究方面，知识驱动的人工智能对现实世界中的常识性知识能快速应用，虽然谈不上智能和理解。

如果把知识驱动的人工智能称为"人工智能1.0"的话，那么，大数据驱动的人工智能就是"人工智能2.0"。经典人工智能基于符号逻辑推理和专家系统，而"人工智能2.0"基于概率统计加机器学习（或深度学习）。人工智能的研究从以"推理"为重点到以"知识"为重点，再到以"学习"为重点，是一条自然、清晰的发展路径。从事专家系统研究的学者认为，学习是获取知识的过程。同样地，如果把传统机器学习算法称为"机器学习1.0"的话，那么，大数据驱动的深度学习（或强化学习、迁移学习等）就是"机器学习2.0"。因此，知识驱动对应早期的通过知识库和符号系统来完成工作的人工智能，而数据驱动则对应目前发展较好的深度学习、大数据等领域。将数据与知识联合起来，做到数据知识双驱动，无疑是结合了人工智能整个发展历程的全部经验与价值，以这种方式发展智慧核电，将会给核电行业的技术革新带来全新驱动力，也为核电的安全性、稳定性提供技术依托。核电站机组并网发电见图5-16。

图 5-16　核电站机组并网发电

在数据驱动的建模中，知识来源于观察到的数据（样本或示例）。在现有数据的基础上，采用统计方法计算/预测感兴趣的未知变量。数据越多，预测结果就越准确。这些数据驱动模型最大限度地利用了从核电站历史或核电站瞬态模拟中获得的大数据。在不明确了解系统行为的情况下，系统变量之间的关系是利用机器学习技术推导出来的，如人工神经网络（ANN）、循环神经网络（RNN）和支持向量机（SVM）。数据驱动的方法还包括概率处理，如贝叶斯网络（BN）、Dempster-Shafer（D-S）证据理论和效用理论；降维方法，如主成分分析（PCA）；过程控制方法，如模型预测控制（MPC）。这些数据驱动的方法被用于实现不同的功能，如故障检测/诊断、预测系统行为、对预定义控制选项进行排序和过程控制。同一函数的定义在不同方法之间可能略有不同。例如，使用神经网络和支持向量机对诊断的定义不同于使用归纳逻辑编程对诊断的定义。数据驱动的方法受到数据不足（并非所有故障场景都可用）和数据不平衡（NPP历史数据可能存在偏差）的挑战。此外，大多数数据驱动模型是"黑匣子"，这些模型预测背后的逻辑和依据无法解释，操作人员可能不相信这些不可解释的模型。因此，不能只依赖大数据，只使用数据驱动的方法，而完全排除其他代表人类定性知识和模仿人类推理的方法。知识表示和定性推理能帮助我们加深对核电站系统、各部件之间关系、流动路径和热路径、操作人员在运行历史中积累的经验、操作人员和应急程序、操作约束和事故管理指南的基本理解等。

核电是一个非常长的产业链，包括核燃料勘探和采集、核电设计、核电建设、核电运营和核电检修等诸多环节，而人工智能可以应用于各个环节。

从广义层面来说，人工智能、大数据在核电领域的应用分为设计体系、工程体系及运营体系。在核电设计体系中，数字化交付是构建人工智能和大数据在核电设计过程中应用必经的第一步。区别于传统工程设计（以纸介质为主体）的交付方式，将相关设计成品以标准数据格式提交给电厂，并初步实现软件数据向大数据平台的自动发布，打通数字化交付流程，提升核电设计、采购、施工、管理的效果。此外，还需建立覆盖核电工程设计全过程、全专业的设计数据集中管理，进行设计过程文件、成品文件单一数据源的统一管理，满足多种维度设计数据利用需要，通过大数据应用平台满足工程建设对设计进度跟踪的需要。在核电工程体系中，人工智能、大数据的应用主要在有效支持科研创新、工程设计优化、工程建设创效和核电站运营智能化方面开展。核电工程建设时，各参建方建立各自的信息管理系统，其结构分散。通过数字化工程体系建设，各参建方之间复杂的接口关系转化为同一个数据平台上高效协同，降低信息传递的不对称性，并将工程管理过程的数据沉淀下来，有效地将实体核电站和数字化核电站的建设过程进行同步，保证数字化核电站的建设质量。通过整合核电建设项目各参建方的数据资源，构建电厂数据模型，根据不同阶段的需求对数据进行抽取与利用，实现按需共享。利用三维模型动态模拟施工过程和调试过程，实现施工过程中的可视化管理，有效地压缩土建施工、设备安装和调试移交的工期。在核电运营体系中，智慧核电运营是核电先进运营技术的发展趋势，其目标是保障核反应堆安全、经济、高效运行，实现核电站在役检查及关键设备的在线检修与更换等技术研究。核电站内部总控室见图5-17。

图 5-17　核电站内部总控室

人工智能、大数据在核电运营体系的应用是通过智能辐射防护监控、智能巡检、智能设备管理等，构建核电智慧运营基础架构。相关关键技术和应用包括先进无损检测方法、高精定量在役检测技术；核电站智能检修机器人，以及仿真技术、运行支持技术；人因数据采集与分析系统；辐射剂量监测定位技术、自动抄表技术等智能巡检技术；设备全生命周期资产管理技术等智能设备管理等。从具体情况分析，如核燃料勘探采集中，1978年美国斯坦福国际研究所研发的人工智能"矿藏勘探和评价专家系统"（PROSPECTOR）因发现一个钼矿而闻名于世，在矿业界引起一阵狂热。中国也有MORPAS、MRAS等矿藏预测人工智能系统。例如，利用大数据、人工智能、概率技术建立铀矿专家系统，使铀矿在勘探、开采设计、矿山生产等环节有机结合、相互衔接，从而提高勘探效率、减少采矿时间、化解采矿过程中的高危险和高危害元素。

目前，国外人工智能和大数据在核电领域的应用已有较多典型案例。美国西屋公司研发了一个可扩展的开放技术平台，利用大数据技术实现故障预测与策略制定。2020年年初，法国能源公司Total和法国电力集团共同建立了一个实验室，研究如何使用人工智能技术解决能源领域出现的问题。日本在机器人研究领域一直处于世界前列，在福岛核事故中，日本派遣紧凑型双臂重型清洁机器人ASTACO-SoRa成功移除核电站上带有辐射的碎石。美国Argonne公司的SAS4A/SASSYS-1安全分析代码系统是一种仿真工具，可以对预期的运行事件及先进核反应堆的设计基础和超越设计基础的事故进行确定性的瞬态安全分析。其最初的代码开发主要用于对钠冷快堆的钠沸腾进行建模，然而其基本的堆芯热液和系统分析功能同样适用于其他液态金属冷却反应堆。该代码系统可应用以下几个具体场景中：快堆安全性分析，针对运营、基于设计和超越设计基础的事件进行仿真，被动散热和自然循环流量预测，以及钠沸腾、燃料熔化和销钉故障的严重事故建模。目前，该代码系统的功能较最初变得更为丰富，内置多个模型，如用于快速评估瞬态的单引脚装配模型、用于燃料包覆共晶形成和包层破坏的金属燃料模型、全厂冷却液系统模型等，支持子通道温度的三维可视化，支持ANSI标准[①]衰减热特性和与第三方计算流体动力学工具（如STAR-CCM+）耦合，可表示大体积热分层。

① ANSI标准是由美国国家标准协会制定或采纳的一系列标准。

此外，在美国能源部包装认证计划、包装和运输办公室、环境管理办公室的支持下开发的ARG-US远程区域模块化监测（RAMM）系统，是一种可扩展的、适应性强的系统，用于监测关键的核放射性设施，如独立的干桶乏燃料存储设施、燃料生产和后处理设施，以及处理敏感放射性同位素的设施。ARG-US RAMM系统架构的设计特别强调新传感器的可扩展性、可自我修复的无线传感器网络结构、使用多个电源（包括以太网供电）和扩展至低功耗操作，以及网关通信方法的多样性。虽然ARG-US RAMM系统状态和数据报告是用于监控美国能源部敏感核材料包的ARG-US射频识别（RFID）服务器结构的衍生产品，但应用功能可以轻松定制，以满足独特的监控需求。ARG-US RAMM系统补充和扩展了ARG-US RFID工作，将无线遥感引入关键核设施和放射设施的运行，包括DCSS（核电站数字化指挥控制系统）和核电站。对于核电站，ARG-US RAMM系统部署将涉及多个子系统，其中包括安全壳建筑、乏燃料池、水和气体处理辅助建筑、控制室和现场干桶贮存。每个子系统都将配备感官组合，以满足独特的操作要求。感官要求包括温度、湿度、压力、中子通量及能谱、氢气、水位、加速度和临界警报，以及热成像和视频成像的任何组合。

在出现异常情况时，ARG-US RAMM系统可以通过编程自动提高数据的记录速率，从而提高态势感知能力。对于储存或处理易裂变材料、医疗和工业同位素，以及其他敏感物品的核放射设施，ARG-US RAMM系统可以部署为标准监测系统。ARG-US RAMM系统可以监控材料和容器周围的环境，以确保人员和设施的安全。ARG-US RAMM系统单元可以安装在墙壁上、出入口附近，甚至可以直接安装在材料容器上。设施收集的数据可以通过使用安全互联网或内置的GSM/卫星调制解调器定期发送给授权用户和利益相关者。如果出现异常情况（如辐射剂量率突然变化、严重冲击或密封完整性丧失），正确配置的ARG-US RAMM系统甚至可以向第一响应者和利益相关者发起呼叫。随后，第一响应者或负责人员能够立即评估建筑物每个区域的危险程度，而无须派人员进行测量。这是因为ARG-US RAMM系统单元将提供整个设施的辐射剂量图，该图可以远程和定期访问。ARG-US RAMM系统单元中的防篡改指示装置，以压缩密封传感器或环形密封传感器的形式，显著提升核设施和放射性设施的安全。

此外，韩国在早年建立并实施了计算机化的工厂维护系统，作为数字实时企业资产管理系统（DREAMS）的一部分。核电站实时管理系统见图5-18。该系统将核电站运维数字化、智能化，节约了费用，节省了时间，减少了麻烦，简化了流程，优化了工作间隔。维护模块是DREAMS最核心的部分，它提供了一个完全集成的过程来支持最佳的运维策略和操作。维护模块主要关注可靠性和基于成本的维护，这是安全和生命周期成本的基础，其目的是确保所需的可靠性和可用性，减少故障发生的可能性和优化维护工作量。维护模块的配置主要包括主数据、运维过程和历史3个部分。

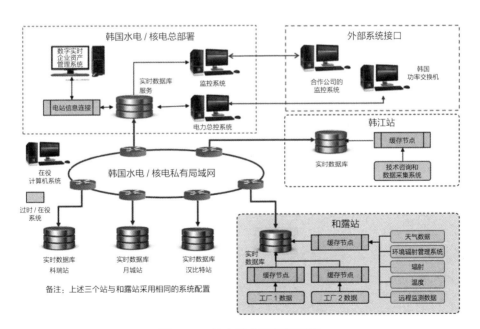

图 5-18　核电站实时管理系统

在核电站机组的运行和建设过程中，由于设备故障、人为错误等各种原因，会产生大量的异常事件，称为状态报告（CR）。目前，所有正在运行和在建的核电站都建立了经验反馈系统，以方便对状态报告进行跟踪和管理。通常根据状态报告的重要程度可将其分为A、B、C、D四个级别。属于A类和B类的状态报告数量较少，需要分析根本原因并制订详细的纠正行动计划。属于C类和D类的状态报告数量巨大，不需要分析根本原因，而是直接采取行动或关闭。根据海因定律，在每一次重大事故的背后，都不可避免地存在着大量的险情和隐患。由于人力、物力的限制，核电站几乎不可能对大量的C类和D类状态报告进行人工编码，更不可能进行趋势分析。近年来，随着人工智能技术在自然语言处理领域的应用，利用机器学习、深度学习等方法对大量文本进行分析成为可能。因此，我们可以利用深度学习模型对核电机组运行过程中产生的数据进行智能分析，从中能够找到隐含的分布规律或模式。所以，用数据驱动模型的推理过程，用专业人员的先验知识对模型的决策进行评判，体现了知识与数据双驱动的核电新发展道路。

第六章

推动可控聚变能研究的人工智能

第一节　可控核聚变第一性原理的缺失

1. 更迭与历史

"阳春布德泽，万物生光辉。"太阳普照世界，其能量来自热核聚变。热核聚变能是宇宙中亿万恒星能量的来源，也是人类梦寐以求的能源。为什么人类对于可控核聚变的关注度如此之高呢？因为这是一种不同于其他技术的变革性技术，它的成功将会彻底改变我们的生活方式，将会使人类文明迈入一个新的发展阶段。一旦实现可控热核聚变放能，将为人类社会提供无穷无尽的清洁能源。

能源是文明发展的基础，文明程度越高，人们对于能源的需求就越大，如果能源的获取方式得不到改变，文明也就很难继续向前发展。从发现核聚变现象以来，人类就开始梦想实现人工聚变放能。在20世纪50年代，人类制造了氢弹，实现了不可控的聚变放能。自此，可控核聚变（即实验室"人造太阳"或"微氢弹"）就成了世界主要核大国的追求，也是全球科学精英们梦寐以求的科学"圣杯"。

2. 核聚变原理

核能的利用主要分为两种，一种是核裂变，另一种是核聚变。如果是由较重的原子核变化为较轻的原子核，称为核裂变，如原子弹爆炸就是一种核裂变现象。如果是由较轻的原子核变化为较重的原子核，称为核聚变。

两个较轻的原子核在融合过程中会产生质量耗损，进而释放巨大的能量。两个较轻的原子核在发生聚变时，虽然因它们都带正电荷而彼此排斥，然而，当两个能量足够高的原子核迎面相遇，它们就能相当紧密地聚集在一起，以致核力能够克服库仑斥力而发生核反应，这个反应过程称为核聚变。举个实际例子：两个质量小的原子，比方说两个氘原子，在特殊条件下（需要超高温和高压），会发生原子核互相聚合作用，生成中子和 ^{3}He，并伴随着巨大的能量释放。原子核中蕴藏巨大的能量，根据质能方程 $E=mc^2$，原子核的净质量变化（反应物与生成物之质量差）造成能量的释放。一般来说，这种核反应会终止于铁，因为其原子核最为稳定。

核聚变不属于化学变化，有两种反应类型：一种是热核反应，一种是冷核聚变。在热核反应中，参与反应的氢原子核从热运动中获得动能，进行核聚变，这是氢弹的爆炸理论基础，也是如今很有发展前景的一种新能源。但热核反应瞬间产生的能量太过强大，需要控制后才能加以利用。冷核聚变是指在相对低温的情况下进行的核聚变反应，目前还只是一种概念性假设，尚未实现。理论上，冷核聚变比热核反应所需要的温度大大降低，可以使用更简单、更普通的设备产生可控的聚变反应，反应也更加安全。

从获得能量的观点来看，聚变核反应主要分为两种，如图 6-1 所示。其中，D 为氘，T 为氚，n 为中子，P 为质子，氘和氚均为氢的同位素。

$$D + D \begin{cases} {}^3He + n + 3.27MeV \\ T + P + 4.04MeV \end{cases}$$

$$D + T \longrightarrow {}^4He + n + 17.58MeV$$

图 6-1 两种主要核聚变反应方程式

3. 核聚变的优势

已经有核裂变了，为什么还要研究核聚变呢？这是因为，相较于核裂变发电，核聚变产生的核废料半衰期极短（其中包括管理成本低、核泄漏时总危害较低、最多只有1km内需要撤退等优势）、安全性也更高（不维持对核的约束便会停止反应）、核聚变放出的能量在同等质量的原料下可高达核裂变的3~5倍。例如，氘和氚发生聚变后，2个原子核结合成1个氦原子核，能够放出1个中子和17.6MeV能量。此外，地球上蕴藏的核聚变能远比核裂变能丰富得多，像是氘氚聚变反应，其原料可直接取自海水，且在宇宙中分布广泛，来源几乎取之不尽，如太阳的日冕物质喷发会将大量氘氚抛入太空，足以满足人类长达亿年的能源需求，因而核聚变是一种比较理想的能源获取方式。核聚变不产生长半衰期和高放射性的核废料，也不产生温室气体，因此基本不污染环境。总之，核聚变是一种环境友好型的高能生产反应。

4. 第一性原理

谈到第一性原理，往往体现出这样的哲学道理：回归事物最基本的条件，将其拆分成各要素进行解构分析，从而找到实现目标最优路径的方法。第一性原理源于古希腊哲学家亚里士多德提出的一个哲学观点："每个系统中存在一个最基本的命题，它不能被违背或删除。"

那么，对于核聚变，它的第一性原理是什么？它的最基本的问题会是什么呢？

5. 核聚变的反应条件

对核聚变而言，由于难以达到的反应条件，其第一性原理缺失。1955年，英国科学家劳森提出了利用核聚变发电的最低条件，被称为劳森判据。劳森判据包括3点：足够的温度、一定的密度（粒子浓度）和一定的能量约束时间。三者相互配合，缺一不可。核聚变反应条件见图6-2。

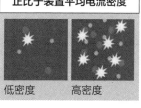

T: 1亿度 温度 → 等离子体 （聚变反应在极高温度下才能发生） 约为10倍太阳芯部温度	n: $1×10^{20}$ kg·m^{-3} 密度 （聚变反应率与密度成正比） 约为大气密度的百万分之一， 正比于装置平均电流密度	$\tau_E > 3$ s 能量约束时间 （聚变反应率与约束时间成正比） 正比于装置的尺寸和电流， 装置越大约束越好
低温　　　　　高温	低密度　　　　　高密度	隔热性差　　　　　隔热性好

图 6-2　核聚变反应条件

1. 足够的温度

足够的温度又称得失相当条件。利用高温等离子体来诱发热核反应时，加热核聚变燃料需要消耗能量，而且在加热和核聚变反应中还有其他能量损失（如等离子体的辐射损失）。因此，若在单位时间内，核聚变反应释放的能量等于加热所耗费的能量及其他能量损失之和，就称为得失相当，此时没有净能量输出。

尽管太阳的核心温度高达1500万摄氏度（实际上这已经十分高了），但还远未达到核聚变反应的要求。太阳要发生核聚变只能依靠量子隧穿效应获得$1/10^{28}$的极低反应效率，实际上，太阳中心核反应区的单位体积发热功率不及人体的1/3，只是依赖太阳"巨无霸"的质量和体积取胜。实现核聚变反应需要将氘、氚原子核压缩到很小尺度的"核力"范围内，但由于原子核带正电，必须在极高温下才能获得足够的能量以克服彼此间的库仑势垒。而要在地球实现高效核聚变反应，温度需要达到1亿摄氏度以上，是太阳核心温度的近10倍，从而实现比太阳核心更高的功率密度。这也是制约核聚变发生的最重要的条件之一，还需要人们为此不断探索！

2. 一定的密度

核聚变反应对密度的要求也是极高的，并且相当重要。保持足够的密度有助于提高原子核间的碰撞效率，以获得足够的聚变反应率。

3. 一定的能量约束时间

能量约束时间在劳森判据中占据比较重要的位置，由于得失相当条件通常只有理论意义，没有考虑不同能量形式之间的转换效率。在劳森判据中考虑了核聚变生成的能量和加热等离子体能量之间的转换效率，当能量约束时间越高时，转换效率就会越高。并且高能量约束时间意味着良好的隔热性能，缓慢的能量流失也进一步提高聚变反应率和转换率。

4. 近年来，人们在第一性原理上取得的突破

实例一： 2017年，全超导托卡马克核聚变实验装置——东方超环（EAST）实现了稳定的101.2s稳态长脉冲高约束等离子体运行，创造了当时新的世界纪录。这一重要突破标志着我国磁约束聚变研究在稳态运行的物理和工程方面，继续引领国际前沿。EAST（见图6-3）是世界上第一个实现稳态高约束模式运行持续时间达到百秒量级的托卡马克核聚变实验装置，对国际热核聚变试验堆（ITER）计划的实施具有重大科学意义。

实例二： 2021年8月，美国国家点火装置（NIF）产生了一种聚变反应，这种反应所产生的能量接近点燃它所用的激光能量（见图6-4）。NIF使用来自世界上最高能量激光的脉冲来压缩胡椒粒大小的氢同位素氘和氚胶囊。之前采用这种方法最多能产生0.17MJ聚变能，远低于1.9MJ的激光输入，但8月8日记录显示，该能量飙升至1.35MJ。研究人员认为，这是燃烧等离子体的结果，意味着聚变反应产生了足够的热量，可以像火焰一样通过压缩燃料燃烧传播。

图 6-3　东方超环（EAST）

图 6-4　2021 年 8 月，NIF 的一项实验突破纪录，
接近了聚变的点火阶段，产生了 1.3MJ 以上的能量

　　实例三：2022 年 2 月 9 日，欧洲联合核聚变实验装置（JET）的研究人员
宣布，他们打破了生产可控聚变能量的纪录。据《科学》杂志报道，JET 曾在
1997 年产生约 22 MJ 聚变能量，创造了当时的世界能源纪录。此次，JET 在持
续 5s 的核聚变实验中产生了 59MJ 能量，大约是满载半挂车以 160km/h 速度行
驶的动能的两倍，大幅刷新其此前创造的纪录。核聚变反应堆：具有叠加等离
子体的 JET 内部见图 6-5。

图 6-5　核聚变反应堆：具有叠加等离子体的 JET 内部

第二节 人工智能与大数据推动聚变领域基础物理现象建模

1. 聚变领域中的基本物理现象

众所周知，物理学是研究物质运动的一般规律和物质基本结构的学科。作为自然科学基础学科，物理学的研究范围广到浩瀚无垠的宇宙，细至微观粒子等一切物质最基本的运动形式和规律。物理学充分运用了数学，并以实验作为检验理论正确性的唯一标准，是当今最精密的自然科学学科之一。基本物理现象每时每刻存在于我们身边，如日常生活中的光学现象、声学现象，以及容易直接感受的热力学现象和比较神秘的磁力学现象。

聚变领域中需要研究的物理问题比较多，涉及的物理细分学科也比较广泛。在建立聚变反应堆的科学基础时，会涉及等离子体物理学、核物理学、原子物理学这几个学科。等离子体物理学及相关的等离子体技术主要是用来处理高温等离子体的产生和约束、维持高温等离子体的稳定性、把等离子体加热到所需的热核温度并维持足够长的时间等物理问题。而核聚变与核物理学的关系，不仅体现在基本的产能反应上，而且体现在热核循环和核聚变反应堆安全上。原子物理学是聚变研究中必不可少的部分，如等离子体平衡、等离子体加热、点火和燃烧控制等重要问题，都是原子物理学研究的范畴。

说完具体涉及的学科后，再说说核聚变中的物理现象。当我们结合聚变反应中产生的具体物理现象来看，就会获得更清晰的认知。

目前，核聚变研究的原子/分子有关物理问题大体归纳为4个方面：一是束注入加热过程中的物理问题，二是等离子体高温区的放电与击穿问题，三是等离子体与壁相互作用，四是等离子体诊断问题。对这些问题的研究，恰好展示了在聚变领域中的基础物理现象，科研人员通过这些研究，一步一步地更接近实现可控核聚变的目标。对于等离子体放电与击穿问题，科研人员对等离子体的放电过程进行仿真，便于研究其特性。并且等离子体的放电过程也是比较有趣的物理现象之一，就如同闪电缩小版一般，给人一种短小而又震撼的感觉。

2. 人工智能和大数据的推动力量

作为引领未来的战略性技术，世界上走在前列的国家均把发展人工智能和大数据作为提升国家竞争力、维护国家安全的重大战略。核工业作为高科技战略产业，既是国家安全的重要基石，又是科技强国建设的重要先导和支撑。如果能够比较好地将人工智能、大数据与核能领域融合，那么将会改变整个核产业链，引领国际核科技发展。

下面主要介绍神经网络模型和计算机视觉技术在推动基本物理现象建模中的例子。

（1）神经网络模型推动基本物理现象建模

神经网络作为人工智能的一个分支，其发展贯穿于整个人工智能的发展，比较突出的代表是深度神经网络。随着深度学习技术的不断发展，目前这方面的研究重点更加偏向于无监督数据的特征学习、多种模型融合、迁移学习、模型压缩、嵌入式设备等。

深度神经网络对核能领域的推动作用是非常显著的。例如，在核裂变能中，核电站在正常运行和运行瞬态中，堆芯的运行工况处于经常变化的状态，这些变化导致实际运行中的堆芯状态与装料方案中的计算结果产生偏离，操纵员需及时、准确地了解堆芯功率因子等参数状况。中国原子能科学研究院采用反向传播神经网络的方法，通过实现堆芯装载方式建模、自适应选择网络节点数等方式，快速、准确地预测了秦山二期压水堆堆芯燃料换料的关键参数，解决了传统方法需消耗大量算力、时间才能计算的问题。

在这个过程中，神经网络对获取堆芯的参数情况起到很好的推动作用。数值实验发现，对于超出训练数以外的情形，采用反向传播神经网络的最大相对误差仍不超过2%，表明网络模型的可靠性和鲁棒性较好，且可毫无困难地推广至其他参数预测，对人工智能算法在核工业领域的进一步应用做出了重要的探索。

（2）计算机视觉技术推动基础物理现象建模

计算机视觉技术作为人工智能技术重要的一环，在核能领域推动基础物理现象建模方面起到重要作用。计算机视觉技术通常是通过成像设备获得图像构成信号（计算机体层摄影的X射线光子、核医学的γ射线光子）分布信息后，利用计算机视觉算法或图像处理算法，对采集到的图像进行分析、加工和处理，使其满足视觉、心理或其他要求的技术。核能领域的计算机视觉技术非常重要，特别是在核电站，为了预防事故的发生和发生事故后及时做出有效的处理，需要有实时性和准确性的计算机视觉系统，便于及早地发现问题。

具体来说，聚变等离子体作为物质存在的第四态，也是核聚变装置中的燃料，在可控核聚变中扮演着重要的角色。因此，对等离子体的位置与形状、相关状态的监测尤为重要。等离子体可见光成像诊断系统作为托卡马克装置的重要诊断系统之一，具有实时监测等离子体的位置与形状、观测真空室状况等功能，能够确保等离子体放电实验成功开展。核工业西南物理研究院研发了一套可见光成像诊断采集系统，可以直观、准确地分析放电过程中的等离子体演化，包括等离子体击穿、维持、破裂和等离子体与器壁相互作用等物理现象。该系统控制软件采用了 Microsoft Visual++ 的多线程技术及 OpenCV 软件库的图像处理技术，能够进行实时的可见光图像采集，同时对采集到的图像进行处理后，能够清晰地诊断出等离子体放电过程中的击穿、平顶、熄灭阶段，以及等离子体的位置与形状特性。可见光图像诊断系统结构见图6-6。

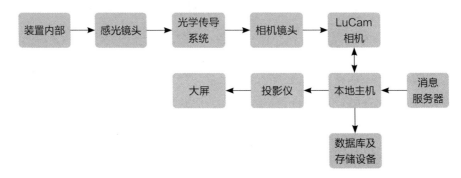

图 6-6　可见光图像诊断系统结构

使用该系统时，在等离子体放电过程中，能够灵活调整软件参数。并且当该系统处于不同的物理实验中，具备一定的应变性（应变能力），以此提升实验的效率。大多数可见光图像诊断系统是基于托卡马克装置设计定制的专门系统，不具备灵活性的优点。除了应变性的能力，该系统还具备可移植性。当我们需要更换场地和设备做实验时，在更换设备装置的同时，该系统的可移植性使得科研人员能够及时完成布置，这样就能够提升实验的效率。通过将计算机视觉技术应用于可见光图像诊断系统，大大提高了对等离子体状态的监测效果，也加快了人们对等离子体的探索速度。

扩展阅读：聚变反应中的基础粒子——等离子体

等离子体作为核聚变装置中"人气超高"的存在，我们有必要揭开它的神秘面纱。等离子体到底是什么呢？

等离子体也称电浆或超气态，被视为物质的第四种形态。简单来说，等离子体就是电离了的"气体"，由离子、电子及未电离的中性粒子组成，整体呈电中性。等离子体属于非凝聚态，构成等离子体的粒子之间游离程度较高，粒子之间的相互作用不强。至于凝聚态，是由大量处于聚集状态的粒子构成的物态，液体和固体就是最常见的凝聚态。

等离子体有很多种类，以温度划分，等离子体可分为高温等离子体和低温等离子体。常见的等离子体是高温等离子体，如闪电、极光等。在核聚变装置中，等离子体的温度是非常高的。高温等离子体在切割、冶炼、焊接等领域都有广泛的应用。低温等离子体也称非平衡态等离子，可以存在于常温状态。辉光放电、电晕放电等现象都可以产生低温等离子体。日光灯（即荧光灯）就是通过低压状态的汞蒸汽通电后发生辉光放电，并发射紫外线，激发荧光粉发光的。等离子体的神秘面纱不只这些，如果感兴趣的话，可以查阅更多相关资料进行了解。等离子体的形成见图6-7。

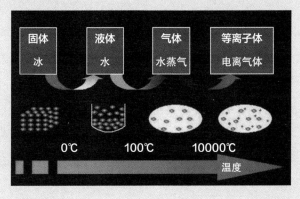

图6-7 等离子体的形成

第三节　从等离子体破裂预警到边界不稳定，关键问题的人工智能解决范式

1. 核聚变装置中的破裂预警

目前，托卡马克装置仍存在许多问题需要攻克，等离子破裂就是其中之一。等离子体破裂是由于磁体动力学（MHD）不稳定性事件快速发展到不可控事件，致使等离子体约束性能下降、储能快速损失、等离子体电流快速熄灭的事件。等离子体破裂时，大量的能量（包括热能和磁能）在极短的时间内以热流、晕电流和逃逸电子等形式沉积到装置第一壁材料或其他部件，长时间的积累会对装置造成损伤。破裂会对装置造成局部热负载、电磁力负载和高能逃逸电子等危害，而且破裂过程中由于发生等离子体与器壁的强相互作用而引入的重杂质粒子很难清除，影响后续放电的正常进行。

随着核聚变装置尺寸的增大和运行参数的提高，如ITER（国际热核聚变试验堆）和CFETR（中国聚变工程试验堆）装置，等离子体破裂对装置的危害也会更大。等离子体破裂问题是未来聚变堆安全运行面临的关键性难题，而等离子体破裂预警是后续安全保护措施的前提。托卡马克装置在近六年有约25%的等离子体放电发生破裂，这些破裂严重威胁托卡马克装置安全，已经对其造成了一些损伤。

因此，提前进行破裂预警，并实施有效的破裂避免或缓解措施，对维护托卡马克装置的安全非常重要。这就要求在托卡马克装置上建立一种预测破裂先兆的系统来控制等离子体，避免能量突然衰竭与电流突然衰竭。如何预测托卡马克装置运行时的等离子体破裂，并且避免、控制和缓解它，是当今世界范围内托卡马克装置研究的重点课题之一。

2. 核能领域中的边界不稳定问题

在托卡马克装置中，高约束等离子体的边界区域会周期性地产生一种称为边界局域模（ELM）的不稳定性。在该实验装置中，高约束性能往往会使等离子体边界区域产生一个极高的压强梯度剖面。当这个压强梯度高于一定阈值时，一种名为边界局域模的宏观磁流体不稳定性会被解稳。形象地说，大幅度边界局域模类似于太阳耀斑爆发，会造成等离子体能量和粒子的瞬间释放，喷射强大的热脉冲，侵蚀托卡马克装置的内壁，甚至导致材料的熔化，并产生大量杂质粒子污染聚变堆芯部的等离子体，使得聚变堆难以长时间稳态运行。

研究边界局域模的特征并良好地控制边界局域模的行为，是未来核聚变装置研究中的重要课题。在未来聚变堆上，需要做的是极大地降低热负荷，这不仅是国际上面临的一个严峻挑战，而且是一个重大的科学前沿问题。

还有许多核能中的其他边界不稳定问题，如两相流不稳定性。两相流不稳定性的实验和数值研究一直是两相流领域的研究热点。两相流不稳定是指因系统的质量流密度、压降或空泡变化而引起的热工参数的恒振幅或变振幅的周期性流量振荡和零频率的流量漂移现象。在核能领域，关于超临界水的不稳定性边界（包括压力边界、温度边界和流量边界）也是一个重大问题。这里的超临界水是指当气压和温度达到一定值时，因高温而膨胀的水的密度和因高压而被压缩的水蒸气的密度正好相同时的水，而它一般作为核反应中的冷却剂使用。

3. 存在的关键问题及对关键问题使用的人工智能解决范式

（1）解决等离子体破裂预警的问题

在没有人工智能的加入传统的方法中，一般是基于HL-2A装置（中国环流二号，是我国第一个具有偏滤器位形的大型托卡马克装置）采用特殊方法实现的。研究表明，很多非电阻性黏性磁流体（MHD）不稳定都能导致等离子体破裂，如撕裂模（TM）、新经典撕裂模（NTM）等。科研人员在HL-2A装置上利用MHD扰动频率和振幅特征，建立了一种预报放电破裂先兆的报警系统，实现了等离子体放电破裂的实时检测与处理。该报警系统对破裂预警提出了三项设计要求，以达到预警的目的。一是实时性，由于等离子体的特殊性，要求检测和处理系统必须在1~2ms内发出信号，供报警系统完成后续检测、处理等任务。二是并行性，在预警实验中要求数据采集和数据分析处理同时能够进行。三是高采样率，将采集数据的采集周期设置为1ms，即要求在1s内完成1000次采样。

引入人工智能后，破裂预警大放光彩。考虑到等离子体破裂发展的复杂性、非线性和快速性，目前人们对其物理机制的理解不是很清晰，对应模型很难预测等离子体破裂。但是得益于大数据的发展和计算机运算能力的提高，基于数据驱动的等离子体破裂预警研究逐渐展现出优势，不仅能实现高准确率，而且能实现较长时间的提前预警。依托EAST托卡马克装置，人们在详细理解等离子体破裂特征后，分类统计了破裂类型，搭建了破裂预警数据库。在此基础上，分别使用卷积神经网络和长短期记忆网络对破裂数据和非破裂数据进行训练学习，成功搭建了两套基于深度学习的等离子体破裂预警模型。通过比较两种算法，并结合两者的优点，构建了混合深度神经网络算法。

（2）对边界不稳定性进行研究和分析

对边界不稳定的研究需要建立在对其准确分析的基础上。而建立自洽的平衡是实现可靠的边界稳定性分析的第一步，但是在建立平衡并集成模拟的过程中会消耗很多时间。为了减少这种消耗，科研人员尝试通过神经网络方法来减少集成模拟所需的时间，但输入参数超过机械学习的训练范围后，计算结果与实际情况会产生明显差别。

4. 使用人工智能后，智能预警与不稳定边界研究获得的成果

基于混合神经网络的等离子体破裂预警模型的性能高于基于单一算法的等离子体破裂预警模型的性能，对EAST托卡马克装置来说，混合神经网络是最优选择，混合神经网络融合了卷积神经网络的特征提取能力和长短期记忆网络的时间学习能力，将是未来EAST托卡马克装置的等离子体破裂预警研究中的主要算法。

使用基于混合神经网络的等离子体破裂预警模型可以提高预警的准确率。经过一系列的实验设计与实践，最终得到混合神经网络模型的AUC值（AUC值为分类结果所覆盖的区域面积）达到0.95，有90.9%的破裂炮被准确预警。图6-8为EAST托卡马克装置混合神经网络破裂预警模型的结构示意。

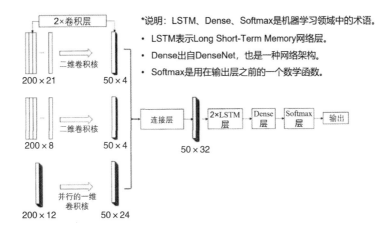

图 6-8　EAST 托卡马克装置混合神经网络破裂预警模型的结构示意

　　除了利用混合神经网络进行预警，科研人员还提出利用人工神经网络预测等离子体放电破裂。科研人员以神经网络为基础，使用两种不同的方法来预测，且把这两种方法的预测结果进行了对比。第一种方法采用多个原始实验诊断信号作为网络输入；第二种方法把多个原始实验诊断信号中的Mirnov信号，按磁扰动幅值和周期的变化规律先进行预处理，再和其他原始实验诊断信号一起作为网络输入。经过多次实验，科研人员发现，第二种方法能够更加准确地预测HL-2A装置上的大破裂。

　　关于边界不稳定性的分析，可以使用神经网络来减少集成模拟所需要的时间。近年来，大计算量的物理研究慢慢开始采取神经网络训练的方法构建数据库，来加快模拟计算的速度。

扩展阅读

等离子体破裂预警数据库： 无论是传统的机器学习算法还是深度学习算法，都需要从大量数据样本中学习潜在的关系，因此，数据库的建立是第一位的。对于等离子体破裂预警来说，等离子体破裂预警数据库的建立尤为关键，需要从以往的实验数据中学习各个诊断数据与等离子体破裂的潜在关系。目前，各大装置都建立了等离子体破裂数据库。为了进行EAST托卡马克装置等离子体破裂预警研究，我们必须建立EAST托卡马克装置等离子体破裂预警数据库，且需要不断地完善，添加与等离子体破裂密切相关的诊断数据。EAST托卡马克装置等离子体破裂预警数据库在EAST托卡马克装置等离子体破裂数据库的基础上建立，对EAST托卡马克装置等离子体破裂数据库中的数据进行筛选和补充，给EAST托卡马克装置等离子体破裂预警模型提供有效可靠的诊断数据。

边界局域模的物理研究： 在过去20年间，边界局域模的物理研究得到了较为完备的发展。基于对实验结果的计算分析，边界局域模主要分为以下3种。一是局域剥离模，它由边界电流密度驱动，不受环径比影响。二是边界气球模，它由边界等离子体压强梯度驱动，在坏曲率区处最不稳定，好曲率区对其有致稳作用。三是耦合剥离气球模，它由高压强梯度和较大的边界自举电流共同驱动。读者如果有兴趣，可以自行查询更多相关资料。

第四节 核聚变装置中智能感知的诊断系统

1. 智能感知及其发展现状

智能感知（Intellisense）又称智能感应功能，其不仅包括通过各种传感器获取外部信息的能力，而且包括通过记忆、学习、判断、推理等过程，达到对认知环境和对象类别/属性识别的能力。在如今的普适计算时代，我们需要将"人-机-环境"统筹起来。这一理念打破了传统计算的范畴限制，将计算机应用推向了一个更高的层次。智能感知是普适计算的一种。它主要是针对环境的计算。我们知道，在一个环境里存在着诸多物质，而这些物质包括场，如电磁场和重力场。通过对环境中场分布的探测，我们大概可以推测在这个范围内的物质分布（如空间位置分布、质量分布、电量分布等），从而实现对环境的感知。

一般来说，一个有效的人工智能系统主要基于其感知、记忆和思维能力，以及学习、自适应及自主行为能力等。要具有在复杂场景中的动态智能感知能力，就需要利用多源信息融合技术，将跨时空的同类和异类传感信息进行汇集和融合，以达到认知环境和对象的类别与属性的目的。例如，无人驾驶汽车的重要支撑技术之一是智能感知，其需要利用车上和路上安装的各种传感器获取路况和环境信息，并利用智能推理达到正确识别路况和环境的目的，在此基础上才能完成自动驾驶的动作。又如，"大狗"机器人（Big Dog）内部安装的各种传感器不仅可让它根据环境的变化调整行进姿态，而且能够保障操作人员实时地跟踪"大狗"机器人的位置并监测其状况。图6-9是"大狗"机器人的形态。

图 6-9 "大狗"机器人

生物学家对响尾蛇的认知机理进行了深入研究,其"热眼"和"光眼"可以获取猎取对象的不同特征信息,响尾蛇的大脑顶盖对来自两类眼睛的信息进行融合,随后判定猎取对象是否为可捕捉的目标。

2. 核聚变装置中的诊断系统

诊断系统,顾名思义,就是专门用于诊断和检测问题的系统。诊断系统比较早地出现在医学上,后来在各行各业都有检测的需求,慢慢地,演化到各行各业都有相应的诊断系统。

人们往往需要对核聚变装置中很多参数进行诊断,以把握好核聚变反应过程中等离子体的相关特性,从而优化核聚变的反应过程,提高核聚变的反应参数。等离子体诊断的目的是确定与核聚变等离子体有关的一些参数,如测定等离子体的温度、密度、局部电场及磁场等,光谱测量就是一种很有效的方法。高温等离子体发射光谱的范围宽,从X射线谱区延伸到远红外光谱区,人们通过等离子体发射或吸收光谱来研究等离子体的性质,如等离子体杂质浓度、辐射功率损失、电子温度与密度分布、离子温度分布及电荷交换复合等。

例如，有着核聚变装置温度计之称的激光诊断系统，就主要用于诊断托卡马克装置的温度和密度分布这两个重要的参数，其中温度高达几千万摄氏度甚至上亿摄氏度。自从激光器问世以来，激光散射已经发展成为磁约束等离子体研究中的重要诊断方法之一，可以测量电子温度和密度的空间分布和时间演化。在测量过程中，激光诊断系统主要利用电磁波等物理原理进行测量。当激光在等离子体中传播时，将激起电子或离子作受迫振动，发出次级辐射。自由电子在电磁波辐射场的作用下作受迫振动，发射次级辐射，形成散射波的现象，称为汤姆逊散射。在散射体积内的每一个电子都会参与散射过程，向光接收系统发出散射光。选定一定波长的发射激光，当波长比较短时，在散射光谱上的接收功率与散射体积内的电子数成正比。散射光谱反映了电子无规则热运动的特征，通过对该散射体积内的散射光功率的计算，可以反推出等离子体的电子温度。如果再通过瑞利散射或拉曼散射定标，还可以测量等离子体的电子密度。图6-10为汤姆孙散射诊断系统示意。

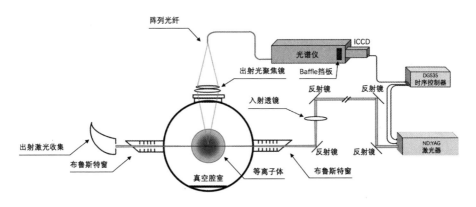

图 6-10　汤姆孙散射诊断系统示意

随着探测、传感和计算机技术等配套领域的发展，针对等离子体参数诊断的系统如雨后春笋般涌现。但是，传统的系统诊断往往存在问题，如对等离子体的规律探索不清楚、获取的参数不够准确、瞬态变化捕捉不及时等。针对上述问题，科研人员逐步探索研究，开展了一些新的尝试。各种传感信息具有不同的特征，而智能感知的重要任务之一是要从传感信息中抽取对象的各种特征。下面以等离子体可见光成像诊断系统为例，具体说明核聚变装置中的诊断系统如何实现智能感知。

等离子体可见光成像诊断系统作为托卡马克装置的重要诊断系统之一，具有实时监测等离子体位置与形状、观测真空室状况等功能，能够确保等离子体放电实验成功开展。核工业西南物理研究院以HL-2M装置为平台，设计研发了一套可见光成像诊断采集系统。

该系统其中一个亮点是具有切向与广角两种成像诊断模式，可以直观、准确地分析放电过程中的等离子体演化，包括等离子体击穿、维持、破裂，以及等离子体与器壁表面相互作用等物理现象。

该系统另一个亮点是能够灵活调整系统参数。该系统通过检测等离子体的状态，灵活调整系统参数，以达到应变性，从而对等离子体进行智能诊断。在该系统中，其图像采集软件在HL-2M装置初始等离子体放电期间，可以实时采集图像，准确、全面地反映等离子体的放电过程，确保了比较好的实时性。通过运用多线程技术和图像处理技术，该系统能够实时进行可见光图像采集，同时具备色彩校准标定功能，还可以还原托卡马克装置真实的运行状态，使系统具备参数配置功能。图6-11所示为等离子体可见光成像诊断系统工作流程。

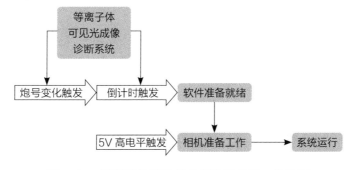

图 6-11 等离子体可见光成像诊断系统工作流程

视野扩宽：智能感知器

　　智能感知器是在智能感知的基础上衍生的一种设备。它是以感知技术、微处理器芯片等核心电子元器件为代表，利用嵌入式技术将传感器与微处理器集成为一体，具有环境感知、数据处理、智能控制与数据通信功能的智能数据终端设备。智能感知器具有自学习、自诊断和自补偿能力，以及复合感知能力和灵活的通信能力。这样，智能感知器在感知物理世界的时候，反馈给物联网系统的数据就会更准确、更全面，以达到精确感知的目的。

第五节　多源诊断数据的智能融合

多源诊断数据融合技术是指利用相关手段将获取到的信息综合到一起，并对信息进行统一的评价，最后得到统一的信息的技术。其目的是将各种不同的诊断数据信息进行综合，从中提取出统一的，比单一数据更好、更丰富的信息。用数学观点来解释，可称其为"1+1＞2"。比较好的数据融合得到的结果会更加切合实际，这也是显而易见的。

以等离子体可见光成像诊断系统为例，开发该诊断系统的目的，是获取相关的诊断数据，并对诊断数据进行分析处理，获取等离子体的某些状态及变化状况。但是，一个诊断系统往往只能解决一类相关问题，获取的也只是比较单一的数据，如果将多类诊断系统的数据进行融合，将获得更为丰富的关于等离子体的信息。

多源诊断数据的智能融合应用实例如下。

1. 组合导航系统

导航是导引航行的简称，其基本作用是引导飞机、舰船、车辆等准确地沿着选定的路线安全到达目的地。多源诊断数据融合对于惯性导航系统而言，具有自主性和保密性的优点，使惯性导航系统在航空、航天、航海等导航领域得到广泛的应用。直至今天，惯性导航系统仍是航行体（飞机、舰船等）上的主要导航设备。随着科学技术的发展，导航系统的种类也越来越多，GPS系统、多普勒导航系统等相继出现。这些导航系统各有特色，优缺点并存。然而，尚没有一种导航系统能够同时满足精度与可靠性的要求，于是便出现了组合导航系统。组合导航系统是将航行体上的某些或全部导航设备组合成一个统一的系统，利用两种或两种以上的设备提供多重信息，构成一个多功能、高精度的冗余系统。组合导航系统有利于充分利用各导航系统进行信息互补与信息合作，因而成为导航系统发展的方向。图6-12是组合导航系统示意。

图 6-12　组合导航系统示意

2. 多源遥感数据融合

遥感图像又称遥感影像，是指记录各种地物电磁波的照片（相片），主要分为航空照片和卫星照片。遥感图像具有空间和时间上的连续性。多源遥感数据融合是将多源遥感数据在统一的地理坐标系中，采用一定的算法生成一组新的信息或合成图像的过程。不同的遥感数据具有不同的空间分辨率、波谱分辨率和时间分辨率，如果将它们各自的优势综合起来，可以弥补单一图像上信息的不足。这样不仅扩大了各自信息的应用范围，而且提高了遥感图像分析的精度。一般来说，我们把遥感图像信息融合分为三个层次，分别是预处理层、信息融合层与应用层（见图6-13）。其中，预处理主要是对输入图像进行几何校正与去噪、图像配准。几何校正与去噪的目的主要是去除透视收缩、叠掩、阴影等地形因素，以及卫星扰动、天气变化、大气散射等随机因素对成像结果一致性的影响。而图像配准的目的是消除不同传感器成像在拍摄角度、时相及分辨率等方面的差异。

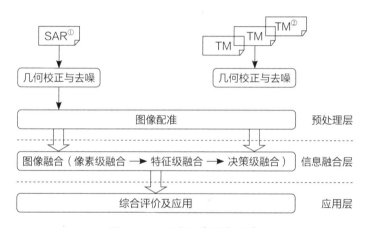

图 6-13　遥感图像信息融合

3. 多源诊断系统智能融合

多源诊断系统智能融合指的是将智能融合应用到诊断系统中，其发展出的技术应用于等离子体诊断时，不仅可以具体、详细地观察到等离子体的演化过程，从而清晰地诊断出等离子体的击穿、熄灭等阶段，以及等离子体的位置与形状，而且将诊断结果与数值模拟结果进行对比，其结果较为相符。

---

① SAR：Synthetic Aperture Radar，合成孔径雷达。

② TM：热红外线图像，又称红外图像。

具体来说，将智能融合用于等离子体诊断中，前提是要能实现数据选择，还要能对数据参数进行预处理，然后再进行数据参数智能融合，综合分析得出结果。这是多源诊断数据智能融合技术的特性，也是其具体的应用操作流程。

其中，数据选择是多源诊断数据智能融合的第一步，必须保证数据选择的正确性，尽量优选出合适的数据对象来进行数据融合，以保证后期融合效果。在进行数据选择时，首先要根据用途来判定需要选择的数据类型和特点。例如，通过光成像诊断采集系统采集的图像，能够直观、准确地分析放电过程中的等离子体演化过程，包括等离子体击穿、维持、破裂，以及等离子体与器壁表面相互作用等物理现象。而利用时间分辨光学涡旋日冕仪得到的图像，结合该仪器的时间分辨能力，可以获取高对比度的成像特性，对等离子体实现超快诊断。

数据选择之后要对数据参数进行预处理，避免融合后得到的数据无法全面反映等离子体的规律特性。数据参数预处理的目的主要是提取和突出选择的各种特征，将所有数据全部转换成图像格式。数据参数预处理必须保证所有数据都能实现互相沟通，保证数据融合能够在同一平台上实现。

数据参数智能融合是多源诊断数据融合技术的关键，操作时可借助图像处理、数据分析等智能手段来对预处理过的多种数据进行智能融合，以达到增强图像清晰度、提高其利用价值的目的。当前，可采用的多源诊断数据智能融合技术方法主要有3种，即像素级融合、特征级融合及决策级融合。在实际融合数据时必须结合具体情况进行合理选择，避免因选择错误而降低融合效果，有时还可能导致数据融合失效。

以上操作全部完成之后，要对数据参数智能融合得到的结果进行分析。分析时必须以图像处理技术为基础，结合已发现的等离子体物理规律进行对比验证，综合分析结果，最后给出客观的评价，以验证多源诊断数据智能融合技术的应用有效性。

拓展阅读：数据融合的三种方式

数据融合又称图像融合，一般情况下，数据融合由低到高分为三个层次：像素级融合、特征级融合和决策级融合。

其中，像素级融合又称数据级融合，是指直接对传感器采集来的数据进行处理而获得融合图像的过程，它是特征级融合和决策级融合的基础，也是目前数据融合研究的重点之一。像素级融合的优点是尽可能多地保留现场原始数据，提供特征级融合和决策级融合所不能提供的细微信息。像素级融合中应用了空间域算法和变换域算法。空间域算法中又有多种融合规则方法，如逻辑滤波法、灰度加权平均法、对比调制法等；变换域算法中又有金字塔分解融合法、小波变换法。小波变换是当前最重要、最常用的方法。

特征级融合突出不同图像包含信息的特征，如红外光对于对象热量的表征、可见光对于对象亮度的表征等。决策级融合主要在于主观的要求，其中应用了一些规则，如贝叶斯法、D-S证据法和表决法等。

第六节　验光师算法：谷歌给核聚变堆开反应状态"处方"

由谷歌团队开发的名为验光师算法（Optometrist Algorithm）的解决方案，可以把人力和机器聚合到一起。这个名字来源于医院中的一类医生——验光师，他们会通过综合眼科检查以便后续治疗各种视觉异常。这里介绍的验光师算法也有异曲同工之处，该算法会向人类专家呈现连续的可能结果对（指一对结果），让专家基于自身判断进行选择，以此引导后续实验的更优推进。

1. 验光师算法及解决的问题

实现可控核聚变一直是科学家的一大梦想，但几十年来，科学家距离这个目标仍然很遥远。基础科学和应用科学的许多领域都需要高效地探索高维复杂系统，可控核聚变实验的一个挑战是优化等离子体性能。为此，研究人员开发了一种与人类的选择相结合的随机扰动方法：验光师算法。据新智元报道，美国核聚变能源企业TAE（原名Thai Agro Energy，后更名为TAE）公司与谷歌公司合作，在验光师算法的帮助下，让我们离实现可控核聚变更近一步。图6-14是TAE公司价值1.5亿美元（约合人民币10.8亿元）的等离子对撞机。

图 6-14 TAE 公司价值 1.5 亿美元的等离子对撞机

验光师算法起源于美国能源部某顾问团队发布的一系列颠覆性技术，目的是"大幅提高核聚变发电厂技术的进步速度"。这些技术中就包括人工智能和机器学习。TAE 公司几年前就开始与谷歌公司合作开发机器学习工具，希望最终能够实现人工智能与可控核聚变技术的融合。TAE 公司将该算法应用在 C-2U 等离子电离装置上，目的是实现一种净加热功率为正的等离子体约束状态。

2. 可控核聚变的难点及谷歌公司的解决方法

等离子体、环境和外部控制之间的高度非线性时变相互作用在实验中呈现出相当大的复杂性，但并没有一个单独的指标可以完全表征等离子体性能与装置的限制条件。等离子体放电实验有很多输入参数，如施加在磁体、电极及限制器上的电压。除此之外，装置也会有一些无法控制的漂移，以及装置的壁条件、真空杂质和电极损耗等的影响。

从本质上讲，生成和控制等离子体非常困难。这就导致实现可控核聚变的过程非常复杂。地球上没有太阳内部的高温高压条件，所以把等离子体维持几十毫秒就需要消耗大量的能量，而且这种能耗很难和瞬间聚变所产生的能量实现"收支平衡"。更重要的是，我们还需要对这团"热汤"进行精确的控制，保证其不会倾泻。在等离子体中，就算是极小的变化也可能造成差异极大的结果，这就是核聚变所涉及的非线性现象。在这种情况下，计算等离子体的非线性演化过程就成了极具挑战的难题之一。

以上都是在核聚变装置中实现核聚变遇到的问题，且无法避免，那么，针对这些问题，验光师算法会如何解决呢？验光师算法试图优化一个隐藏的、人类专家可能无法明确表达的实用模型，并希望将人类与机器结合起来。机器负责搜索高维空间，人类负责提供物理直觉。验光师算法为实验人员提供两种不同的实验设置及可能出现的实验结果，实验人员选择不同的实验设置会产生不同的实验结果。该算法的应用能够高效探索参数空间，进而找到约束更好的等离子体。

尽管使用了验光师算法，有一些问题我们仍然不能解决。"现实情况要复杂得多"，谷歌加速科学团队专家解释道："因为离子温度要比电子温度高3倍，所以等离子体远远偏离了热平衡。此外，流体逼近也完全无效。所以，在数万亿个粒子当中，人们必须至少对其中一些粒子进行追踪。于是，整件事就超出了我们的能力范围，即便我们拥有谷歌规模的计算资源"。虽然核聚变发电的发展前景一片大好，但即便如此，若想实现真正商业化运行的核聚变发电，人类恐怕还要等上几十年的时间。

3. 验光师算法取得的成就

验光师算法取得的成就可列举一二。例如，TAE公司与谷歌公司合作，使在C-2U等离子电离装置上的实验进展得更快（具体介绍见拓展阅读），操作时间由原本的一个月缩短到了几个小时。这算是质的飞跃啊！

又如，据2017年7月25日在《科学报告》杂志上发表的研究成果显示，验光师算法将大规模的机器计算与人为判断结合在一起，使核聚变中等离子体的融合研究速度从之前的一个月变成了仅仅几小时，系统能量损失率也降低了50%，将有助于核聚变发电早日成为现实。

验光师算法的出现，大大提升了人们对实现可控核聚变的信心。但是在现阶段，依然存在许多无法解决的困难，还需要我们继续努力探索。

拓展阅读：C-2U 等离子电离装置

在核聚变装置中，等离子体的控制难度大是一个老生常谈的问题。可以说，解决了这个问题，就离实现可控核聚变不远了。在这个探索过程中，人们做了非常多的努力。TAE公司舍弃了40多年来业界一直沿用的传统环形托克马克设计思路，重新建造了被称为"场反向配置"的独特装置。相比传统的核聚变装置，该装置的体积更小、设计更简单、价格更低，最重要的是，该装置内的等离子体随能量的增加会变得更稳定，而非逐渐不稳定甚至脱离控制。

而为了验证"场反向配置"的可行性，TAE公司还建造了C-2U等离子电离装置。其工作原理如下。C-2U等离子电离装置每8min就会发射一些等离子体，每一次发射都能够在C-2U等离子电离装置的密封真空室中产生两个旋转的等离子球，然后以60万英里每小时（约96.6km/h）的速度让它们相撞，产生一个更大、更热、像橄榄球一样旋转的等离子体。然后，科学家用粒子束（中性氢原子）不断轰击这个等离子球，让它保持旋转。在这之后，科学家又会在这个旋转的等离子球上施加磁场，这样就使得等离子体的旋转时间延长为10ms。这是多么大的进步呀！前些年，C-2U等离子电离装置已经挑战了在短时间、有限空间内产生并约束等离子体所消耗的电力极限。如今，C-2U等离子电离装置已经完成了它的历史使命，被一个更强大且更复杂的名叫Norman的新装置所取代（Norman来自已逝世的联合创始人Norman Rostoker的名字），

Norman在等离子加速等方面的性能比C-2U等离子电离装置更加强大，并且拥有一个更复杂的系统，能够将等离子体约束在某些设定区域。图6-15是C-2U等离子电离装置的概念模型。

图 6-15　C-2U 等离子电离装置的概念模型

第七节 核聚变装置中的机器人

机器人包括一切模拟人类行为或思想，以及模拟其他生物的机械（如机器狗、机器猫等）。狭义上，对机器人的定义还有很多争议，甚至有些计算机程序也被称为机器人。在当代工业中，机器人指能自动执行任务的人造机器装置，用以取代或协助人类工作，一般采用机电装置，由计算机程序或是电子电路控制。

1. 主要作用

机器人可以做一些重复性高或是危险的工作，很多时候人们认为用机器人代替人们能减少意外。机器人具有感知、决策、执行等基本特征，可以辅助甚至替代人类完成危险、繁重、复杂的工作。此外，它也可以做一些因为尺寸限制，人类不方便或者无法做的工作，甚至可以在外太空或深海等不适宜人类生存的环境中工作。机器人的出现提高了人们的工作效率与质量，服务于人类生活，扩大了人类的活动及能力范围。

2. 涉及领域

由于机器人具有便利性和自由性的特点，使得各个行业纷纷引入机器人。例如，制造业工厂里的生产线就应用了很多工业机器人。机器人的应用极其广泛，其应用领域包括建筑、石油钻探、矿石开采、太空探索、水下探索、毒害物质清理、搜救、医学、军事等。

焊接机器人、涂装机器人、战斗机器人、科研机器人、类人机器人等各式各样的机器人如雨后春笋般涌现。那么，有没有可能在核能研究中也使用机器人呢？当然有可能！核聚变装置中要完成的工作往往是复杂且危险的，并且考虑到安全问题，人们或将某项工作派给机器人完成，或使用人工智能系统控制机器人来完成核聚变的某些过程，以便更好地展开研究。

3. 应用于核聚变装置中的机器人

与核聚变装置相关的任务包括对核聚变装置进行维护和检测，以及执行困难操作以进一步完成核聚变。要使机器人技术应用到核聚变装置中，首先得给机器人指派任务。其中比较有代表性的是可用于反应仓内部环境的，且具有移动、观测和一定操控能力的多关节遥操纵机器人。为了应对反应舱内部的恶劣环境，保证核聚变反应堆的正常工作秩序，科研人员研制出一种面向核聚变反应舱环境的行走机构（仿蠕虫机器人），用来监测反应舱环境，以便为异常情况出现时采取相应的决策提供依据。此外，在监测核聚变装置的日常运转状况、代替人类进入舱内完成探测作业任务方面，中国科学院与中国科学技术大学联合设计了一种具有蛇形多关节结构的遥操纵机器人。

（1）核聚变装置内环境检测：多关节遥操纵机器人

为保持核聚变装置的正常运转，如日常观测核聚变装置的情况，需要对反应舱进行定期维护。然而，反应舱内部的物理条件和几何条件复杂，除了具有高温、高真空和核辐射等特点，工作空间也异常狭小，维护人员不宜直接进入舱内对相关部件进行操控。为解决这些问题，中国科学技术大学开发了一种可用于反应仓内部环境的，具有移动、观测和一定操控能力的多关节遥操纵机器人，主要用于代替人类完成相关探测和维护任务。

以核聚变试验装置EAST为研究对象，科研人员设计并实现了一种适用于核聚变反应舱内部环境的、各关节间可同步协调运行的悬空式多关节移动机器人。该机器人由前端的观测机构、中端的多个悬空机械臂和后端的直线轨道推送装置组成。在控制上则采用轨道推送加悬臂调整的复合操控方案。

该机器人能够实现在舱内自由穿行及舱底轨道跟随支撑功能，并且机器人的舱内探测与维护作业可满足两个方面的任务。一方面是沿EAST核聚变舱的赤道面执行大尺度宏观遥操作任务，另一方面是执行舱内小范围局部遥操作任务。

（2）核聚变装置内日常任务执行：仿蠕虫机器人

除了日常的一般维护工作，人们还需对装置内部件进行侦查和巡检等，以及对各种状态信息进行采集、显示、处理和识别等。监视核聚变反应堆的具体工作情况也是比较艰巨的任务。一般情况下，不宜让维护人员和操作人员直接进入装置内。而仿蠕虫机器人的出现，可以代替人们执行危险任务，就很好地解决了这个问题。

仿蠕虫机器人的运动步态类似蠕虫行走，运行稳定性好且控制简单。通过搭载视觉观测云台，可实现对核聚变舱内部空间三个自由度的全方位视觉信息采集，可降低仿蠕虫机器人行走机构本体对承载能力的要求，改善多关节遥操纵机器人平台对核聚变舱内部结构化特定环境的运动适应性。

（3）监测核聚变装置：面向核聚变舱探测的遥操纵蛇形机器人

除了采用多关节遥操纵机器人来检测核聚变装置的日常情况，中国科学院另辟蹊径，通过遥操纵蛇形机器人来完成此项工作。

为了监测核聚变试验装置的日常运转状况，代替人类进入舱内完成探测作业任务，科研人员设计了一种具有蛇形多关节结构的遥操纵机器人（即遥操纵蛇形机器人）。该机器人由前端的双重观测机构、中端的多个悬空机械臂和后端的直线轨道推进装置组成。科研人员对该机器人的探测工作空间，以及机械臂的运动和力学特性进行了仿真分析，实际构建了机器人原理样机及核聚变舱的模拟几何环境，并对机器人原理样机的基本运动及观测性能进行了实验测试，测试结果验证了所设计的机器人的可用性和有效性。

4. 未来展望

尽管机器人的发展存在诸多问题与担忧，但相关技术的开发研究依旧取得了举世瞩目的成果。随着人工智能技术的进步，机器人蓬勃发展已是时代的潮流。将机器人应用于核聚变领域，本身就是一件意义非凡的事。今后，在科研人员的不断努力下，越来越多的机器人应用到核聚变装置中，同时机器人在不断换代升级与更新迭代中，其功能将不断完善。

未来，机器人的发展给我们带来许多便利的同时，我们也不能忽视其背后潜藏的问题。但是我们依然保持乐观的态度，并且我们深信，有了人工智能和机器人的加入，可控核聚变实现的日子将会加快到来！

第七章

超级智能是否能加速可控
聚变能商业应用

第一节 超级智能

1. 什么是超级智能

最近几年，人工智能在国际象棋、围棋、德州扑克等活动上超越了人类，在DOTA[①]、星际争霸等游戏中和人类顶级玩家打得有来有回，时不时会引起一小阵恐慌，有人担心超越人类的机器智能会在某一天让人们无所适从。这是不是超级智能体？

不是。

超级人工智能又称超级智能，被认为是最先进、最强大、最智能的人工智能类型。在广义认知中，超级智能是指一种人工智能系统，具有自我意识和足够智能，足以超越人类的认知能力。比较正式一点的解释：超级智能被定义为一种能够通过表现出认知技能和发展自己的思维技能来超越人类智能的人工智能形式。不论怎么解释，这一类人工智能都是用于执行人类可以执行的任务，并且具有完美的记忆功能、极其优越的知识库等优点。

这里，有必要细分一下强人工智能和超级智能的概念。强人工智能由美国哲学家约翰·塞尔于20世纪70年代在其论文《心灵、大脑与程序》中提出，

---

① DOTA：暴雪公司出品的即时战略游戏。

对人工智能主要持有这样一种哲学立场：基于心智的计算模型，以通用数字计算机为载体的人工智能程序可以像人类一样认知和思考，达到或者超过人类智能水平，这种立场与弱人工智能（或应用人工智能）相对立。弱人工智能认为，人工智能只是帮助人类完成某些任务的工具或助理。随着最近20年来互联网、神经科学、基因工程等技术的飞速发展，强人工智能从塞尔时代①的一种哲学立场逐步向工程实践转变和演进，未来学家甚至设想和描述了强AI的更极端版本：超级智能，这些在IBM、谷歌、微软等产业龙头企业，以及库兹韦尔、马克拉姆等乐观的技术实践者的双重推动下，借由大众科学传播的放大作用渗透到人们的日常生活中，构成了对其技术合理性的辩护。

通俗来说，超级智能是一种人工智能形式，它不仅拥有类人能力，而且拥有"特殊能力"。类人能力其实就是类似于人类的能力，包括意识、信仰、欲望、认知、情商等人类独有的能力。具有超级智能的机器具有自我意识，可以思考人类难以想象或理解的抽象概念或解释。这是因为人脑的思维能力仅限于一组几十亿个神经元。除了"复制"多方面的人类行为智能，超级智能还可以理解和解释人类的情感和体验。超级智能基于人工智能的理解能力，发展出自己的情感理解、信念和欲望。此外，超级智能还包括一些人工智能的特殊能力，如行为智能和超级人工智能。拥有这类能力，超级智能可以帮助人类解决一些比较复杂的工程问题，如图像采集，数据分析等比较繁杂的工作。人工智能的类人能力与特殊能力见图7-1。

超级智能还可以指解决问题系统的属性，如超级智能语言翻译器或工程助理。牛津大学哲学家尼克·博斯特罗姆将超级智能定义为"在几乎所有感兴趣的领域中大大超过人类认知能力的任何智力"。超级智能可能由智能爆炸产生，并与技术奇点相关联。

---

① 塞尔时代：电信技术发展的一个阶段。

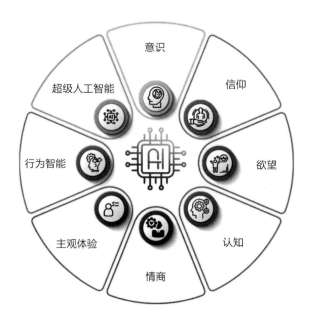

图 7-1　人工智能的类人能力与特殊能力

关于超级智能，也有解释是说，在几乎所有领域都比最优秀的人类大脑聪明得多的智能，包括科学创造力、普遍智慧和社交技能。超级智能可以是一台数字计算机、一组联网计算机、培养的皮层组织或人们拥有的任何东西，但是超级智能是否有意识并有主观经验目前仍没有答案。

从科普的角度来看，关于超级智能体，人们首先会想到机器人三定律，这是在科幻小说家伊萨克·阿西莫夫在1942年的短篇小说集《我，机器人》中被提出的。机器人三定律内容如下。

第一定律：机器人不得伤害人类个体，或者目睹人类个体将遭受危险而袖手不管。这一定律的核心是保护人类的安全和福祉。

第二定律：机器人必须服从人类给它的命令，除非这些命令与第一定律相冲突。这一定律强调了机器人对人类指令的遵循，同时保留了对可能伤害人类的命令说不的权利。

第三定律：机器人在不违反第一、第二定律的前提下，要尽可能保护自己的生存。这一定律承认了机器人在某些情况下需要保护自己的存在，以继续履行其职责。

在1985年《机器人与帝国》一书中，艾萨克·阿西莫夫在机器人三定律的基础上加入第零法则——机器人不得伤害整体人类，或坐视整体人类受到伤害。

也许正如尼克·波斯特洛姆（Nick Bostrom）在《超级智能》一书结尾所说的那样，超级智能的成功将催生"一条文明轨迹，实现富有同情心地使用人类被赋予的宇宙资源的文明的进步"。那么，超级智能大概会以什么样的形式出现呢？

目前主流观点是超级智能可以以三种形式呈现。第一种形式："高速超级智能"可复制人类智能，但是其运转速度会更快，波士顿动力公司的机器人大概是朝着这条路径发展的。第二种形式："集体超级智能"是多个子系统的集合，各子系统能够在一个大规模的项目中独立解决分散的问题，如航天器的研发、现在学界所广泛研究的大模型。第三种形式被粗略地定义为"高品质超级智能"，指具有超高品质的人工智能，其优于人类智能的程度如同人类智能优于海豚或黑猩猩智能的程度。至于科学要经过多长时间才能创造出新的智能，则取决于"优化能力和系统抵触程度"或者人类服从的意愿。目前的类脑研究则是通过这一形式实现的。类脑研究有三大优点：这项技术和人脑关系密切，因而能够为人们所理解；类脑仿真能够"吸收"人类的意志；全脑仿真不会发展得太快，这也让我们能够更好地掌控这一技术。

2. 超级智能何时到来

一直以来，超级智能的发明一直是科幻小说的中心主题。从爱德华·摩根·福斯特（Edward Morgan Forster）的短篇小说《机器停止》到HBO[1]出品电视剧《西部世界》，人们往往把这种可能性描绘成一场彻头彻尾的灾难，但这个问题不再是虚构的部分。当代杰出的科学家和工程师也在担心，超级智能有一天可能会超越人类智能（这一事件被称为"奇点"），成为人类"最糟糕的错误"。目前的趋势表明，无论哪个高科技公司或政府实验室成功地发明了第一个超级智能，都将获得潜在的世界主导技术。

实际上，人工智能的起源可以追溯到哲学、虚构和想象。作为计算机科学的一个分支，人工智能学科只有大约70年历史，其中不乏跌宕起伏和学术门派之争，定义含混和因此造成的困惑、迷思仿佛层峦叠嶂，科幻和现实经常相互越界。

据荷马史诗《伊利亚特》中的描述，地球上第一个行走的机器人叫塔洛斯，是个铜制的巨人，大约2500年前在希腊克里特岛降生在匠神赫菲斯托的工棚。塔洛斯在特洛伊战争中负责守卫克里特。埃德利安·梅耶（Adrienne Mayor）在《诸神与机器人》一书中甚至把希腊古城亚历山大港称为"最初的硅谷"，因为那里曾经是无数机器人的家园。

作为现代科技学科的人工智能历史很短，但是考虑到其飞速发展的趋势，人类不得不再三考虑其最终的形态——超级智能到来的时间点。有学者提出，如果我们要在概念上有所突破，可能需要5～500年的时间，也就是说既有可能很快就实现，也有可能要很久才会发生。

想象一下，如果你通过时间机器穿越回1750年——一个没有电力供应，远距离通信只能靠燃烧烽火狼烟，最好的交通方式是马或者马车，最好的计算手段是算盘，等等，这样一个时代。你到了那里，说服一个人，把他带到

---

① HBO：Home Box Office，总部位于美国纽约，是有线电视网络媒体公司，其母公司为时代华纳集团。

2022年，观察他对所有事情的反应。当他看到一日千里的飞机、高铁，通过全息技术与全球各个位置的人进行视频会议，通过卫星电视或者互联网观看1000Km以外的足球赛或者一场演奏于50年前的音乐剧，用摄像机实时记录生活的瞬间，用导航定位自己的位置，甚至跟太空中的宇航员实时互动聊天，以及其他的各种无法想象的奇妙体验，更不用说当你尝试跟他解释元宇宙、宇宙空间站、强子对撞机、核武器乃至广义相对论。这个人是什么感觉？

我们再想象一下，有趣的事情来了，当他带着这台时光机器回到1750年，突然好奇心爆棚，并且决定跟我们做一样的事情，回到1500年并说服一个人到1750年，给他演示所有科技。这个1500年的人估计会大吃一惊，但他不会觉得世界大不同，因为虽然1500年的世界跟1750年的世界相差非常大，但比起1750年的世界和2022年的世界差异就是小巫见大巫了！

如果那个1750年的人想要获得跟我们一样的"乐趣"，那么他必须回到更遥远的年代，比如公元前12000年，在原始部落找一个人并带他到1750年，给他看高耸的教堂，航海的巨轮，给他展示各种收藏和发现，给他讲授各种观念（如国家、经济），估计他也会感到惊奇。

人类历史的发展往往不是一条直线，而是一条由多个小的S形曲线构成的指数线。人类文明进步时发生的S形曲线见图7-2。

每一次全球范围的科技、人文、社会进步，都会创造一个小型的S形曲线轨迹，这个S形曲线轨迹会经历缓慢增长（指数级增长最初的阶段）、爆发性增长（指数级增长的中期）、水平增长（指数级增长的后期，或称成熟期）3个阶段。

关于超级智能什么时候能够到来，激进者认为的中位数时间是2040年左右。这里介绍一个概念"递归式自我升级"，其运作方式：假设智能体的目标被设定为通过自我升级提升智慧，当它发展到低级智慧时，可能经历了漫长的一段时间，但在很短的一段时间内，它就变得跟爱因斯坦一样聪明，因为此时它的发展速度呈指数级增长。随着发展步伐的加快，从强人工智能到超级智能，可能仅用很短的时间。参考宇宙大爆炸，这有可能就是"智慧大爆炸"，也是加速回报定律的终极形式。人类之所以能"支配"地球，因为遵循着一条简单的法则：智慧就是力量。当我们亲手创造的计算系统达到了超级智能，它将成为地球上能力最强的事物，所有生物，包括人类，都将处于它的制约之下，而这有可能会发生在短短的几十年后。

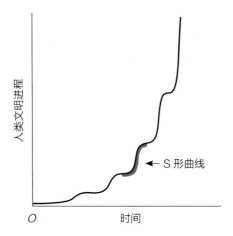

图 7-2　人类文明进步时发生的 S 形曲线

　　既然人类能够发明无线通信、超级计算等这类事物，那么，比人类聪明亿万倍的超级智能，是否能像科幻小说《三体》中描绘的那样，轻松控制地球上每个角落的每个事物，精确到原子级别，他们所制造的武器"水滴"仅仅通过物理攻击就能战胜人类最强大的"星舰"？而返老还童、治愈癌症、控制天气顺理成章都变成"小菜一碟"，当面对近乎万能的超级智能，人类将何以自处？

　　还有一部分人认为，超级智能或许永远不会来。科幻小说《北京折叠》作者、第74届雨果奖获得者郝景芳就发表过类似看法。她认为，科幻小说所畅想的未来与真实的未来之间，仍然存在较大差距。甚至科幻作品中的全能型机器人（通用人工智能），即使从最乐观的角度看，仍需要几十年的发展时间。而科幻作品里面看到的超级智能则很难想象什么时候到来，甚至可能永远也到来不了。

3. 超级智能的路径

（1）人们的担忧与希望寄托

一些人认为，超级智能可能会导致一场全球灾难，最为简单且容易引发的一种担忧就是失去控制和理解。也有一些人则认为，人类将进化或直接修改自身基因，以实现更高的智力。许多未来的研究场景结合了这两种可能性，表明人类可能会与计算机交互，或将他们的思想上传到计算机，从而实现实质性的智能放大。一些研究人员认为，超级智能很可能会在通用人工智能发展后不久出现。这可能让它们有机会——无论是作为一个个体还是作为一个新物种——变得比人类强大得多。

（2）超级智能真的能实现吗

超级智能作为一种新兴技术，可以在人工智能系统中模拟人类的推理、情感和体验。尽管反对者继续争论超级智能存在的风险，但由于它可以彻底改变一些领域，因此这项技术似乎非常有益。

鉴于这种优势，哲学家大卫·查尔默斯认为，通用人工智能很可能是通向超级智能的途径。即人工智能可以实现与人类智能相当的程度，甚至可以扩展到超越人类智能，并且可以进一步放大以完全支配人类。如果在对强人工智能的研究中产生了足够智能的软件，该软件就能够重新编程和改进自己——这一特性被称为递归自我改进。然后它会更好地改进自己，并且可以在一个快速增长的周期中继续这样做，从而进化为超级智能。

第二节 人类如何和超级智能共处

1. 超级智能对人类的潜在威胁和帮助

在二十世纪七八十年代，由于早期鼎盛时期的夸大期望未能实现，人工智能领域几乎停滞不前。大部分人们认为，强大的人工智能已经消亡了，超级智能机器永远不会被建造出来。事实上，这一趋势并不能表明人工智能将永远不可行，而表明的是人工智能比一些早期先驱者想象得要困难，需要投入更多的力量才能够实现。

回想起来，我们知道人工智能项目在那个阶段不可能成功，主要原因是硬件不够强大、硬件效能低下，以及一次运算需要的操作次数多。20世纪70年代的计算机，计算能力堪比"昆虫"，还获得了约为昆虫级别的智能。而现在不同，随着时代的进步，我们可以预见导致人工智能过去失败的原因将不再存在。

总体来说，在人工智能领域工作的人们似乎有一种新的乐观和兴奋感，尤其是那些采用自下而上方法的人，如遗传算法、神经形态工程和神经网络硬件实现方面的研究人员。随着超级智能拥有的追随者和支持者日益增加，许多理论家和科研人员对机器超越人类智能的想法提出了警告。他们认为，这种先进的智能形式可能会导致一场全球灾难，即使是比尔·盖茨和埃隆·马斯克等技术专家也对超级智能感到担忧，并认为它是对人类的威胁。超级智能的潜在威胁见图7-3。

失去控制　　　超级

道德伦理影响

人类和超级智能的目标、路径无法保持一致

核攻击的危险　　恶意的超级智能

图 7-3　超级智能的潜在威胁

（1）失去控制和理解

受到全球专家广泛关注的超级智能的其中一个潜在威胁是，超级智能可以利用其力量和能力执行人类不可预见的行动，超越人类智力，并最终变得势不可挡。先进的计算机科学、认知科学、纳米技术和大脑模拟已经实现了超越人类的机器智能。如果这些系统中的任何一个出现问题，一旦超级智能出现，我们有可能无法控制超级智能。此外，预测系统对我们请求的响应将非常困难。因此，失去控制和理解可能会导致人类完全毁灭。

（2）超级智能的武器化

如今，高度先进的人工智能系统可能武器化似乎是合乎逻辑的。世界各国政府已经在使用人工智能来加强其军事力量。如果此类系统不受监管，它们可能会产生可怕的后果。在编程、研发、战略规划、社会影响力和网络安全方面的超级智能可以自我进化并占据可能对人类有害的位置。

（3）人类和超级智能的目标和路径无法保持一致

超级智能可能会开发破坏性方法来实现其目标。当我们未能调整目标或路径时，可能会出现以下情况。如果人类向智能汽车发出命令：尽快抵达机场，它会带您到达目的地，但可能会使用自己的路线来遵守时间限制。同样地，如果超级智能被分配到一个关键的地球工程项目，它可能会在完成项目时扰乱整个生态系统。此外，任何人类阻止超级智能的企图都可能被它视为对其实现目标的威胁，这不是一个人类期待的情况。

（4）恶意的超级智能

通过"教授"人类道德的各个方面，可以确保超级智能的成功和安全发展。然而，某些反动组织甚至反社会人士可能出于各种原因利用超级智能，如压迫某些社会群体。因此，超级智能落入坏人之手带来的后果极有可能是毁灭性的。

（5）核攻击的危险

借助超级智能，我们现有的自主武器、无人机和机器人可以获得强大的力量。其中，核攻击的危险是超级智能的重大潜在威胁。敌对国家可以使用先进的自主核武器攻击在超级智能方面拥有技术优势的国家，最终可能导致其毁灭。

（6）伦理影响

超级智能系统是根据预先设定的道德伦理考虑进行编程的。问题是人类从未在道德伦理准则方面达成一致。因此，向超级智能"教授"人类道德伦理和价值观可能非常复杂。超级智能可能会带来严重的道德伦理问题，特别是当人工智能超越了人类的智力，但没有按照与人类社会相一致的道德伦理价值观进行编程时。

尽管有这么多潜在威胁，但是从纯技术的角度来看，超级智能具有非同一般的影响力，因为它可以在人工智能系统中模拟人类的推理、情感和体验。尽管批评者继续争论超级智能存在的风险，但这项技术有益的一面依旧不可忽视，它可以彻底改变某些领域。超级智能的潜在优势见图7-4。

图 7-4　超级智能的潜在优势

（1）减少人为错误

人都会犯错，而经过适当编程的计算机或机器则可以大大减少这些错误的发生率。例如，具体到技术开发领域，编程是一个十分耗费时间和资源的过程，需要逻辑、批判和创新思维。人类程序员和开发人员经常会产生语法、逻辑、算术等错误。超级智能则可以发挥作用，因为它可以访问数百万个程序，根据可用数据自行构建逻辑、编译和调试程序，同时将编程错误降至最低。

（2）代替人类完成有风险的任务

超级智能最显著的优势之一是可以通过部署超级智能机器人克服人类的风险限制，以完成某些危险任务。其中包括拆除危险物、探索海洋最深处、开采煤炭和石油，甚至处理自然或人为灾害。想想1986年发生的切尔诺贝利核灾难。当时，人工智能驱动的机器人还没有发明。核电站的辐射非常强烈，任何靠近核心的人都可以在几分钟内失去生命。当局被迫使用直升机从远处倾倒沙子和硼。然而，随着技术的进步，超级智能机器人可以部署在无须人工干预即可作业的情况下，多年后的日本福岛核电站事故即大量使用了机器人参与高危作业。

（3）24×7全时段在线

大多数人每天工作8~10个小时，这是因为我们需要一些时间来休养，并为第二天的工作做好准备。我们还需要每周休息以保持工作与生活之间的平衡。但是，使用超级智能，我们可以对机器进行编程，使其24×7不间断地工作。例如，教育机构有热线中心，每天都会收到若干查询。这种场景可以使用超级智能进行有效处理，全天候提供解决方案。超级智能还可以为学术机构提供学生辅导课程。

（4）探索新的科学前沿

超级智能可以加快太空探索进程，因为在火星上开发城市、进行星际太空旅行等可以通过超级智能来解决。凭借自身的思维能力，超级智能可以有效地用于测试和估计方程、理论、研究的正确性，甚至是预估火箭发射和太空任务的成功概率。NASA、SpaceX、ISRO等组织已经在使用人工智能系统和Pleiades等超级计算机来进行太空研究工作。

（5）促进医学进步

超级智能的发展也可以给医疗行业带来显著的益处。超级智能可以在药物发现、疫苗开发和药物输送中发挥关键作用。《自然》在2020年的一篇研究论文揭示了小型智能纳米机器人的设计和使用，该机器人已经可以用于细胞内药物输送。如今，人工智能在医疗保健中用于疫苗和药物输送已经成为现实。此外，随着有意识的超级智能的加入，新药的发现和交付将变得更加有效。

2. 超级智能将会现身吗

学术界存在一种观点：一旦有了人类水平的人工智能，很快就会有超级智能。

这一观点认为，一旦人工智能达到人类水平，就会有一个正反馈循环，进一步推动其发展。人工智能将有助于构建更好的人工智能，而这反过来又将有助于构建更好的人工智能，这是一种互补且有效的过程。退一步说，即使没有进一步的软件开发，人工智能也没有通过自学积累新技能，但如果处理器速度继续提高，人工智能仍然会变得更加"聪明"。根据摩尔定律，如果18个月后硬件升级到两倍的速度，我们将拥有一个可以比原运算速度快两倍的人工智能。在再翻几倍之后，这将直接构成所谓的"弱超级智能"，即与人类大脑大致相同的能力但速度要快得多的智能。

当人工智能达到人类水平时，人工智能改进的边际效用似乎也会飙升，从而导致投入资金增加。因此，科学家们预测，一旦有了人类水平的人工智能，不久之后超级智能在技术上是可行的。

20年之内，机器将拥有人类所具备的一切工作能力。

——人工智能先驱，赫伯特·西蒙，1965年

自人工智能诞生之始，业界专家就保持着"愿景有余、落地不足"的传统。二十世纪五六十年代，马文·明斯基（Marvin Minsky）、约翰·麦卡锡（John McCarthy）与赫伯特·西蒙（Herbert Simon）等先驱人物曾发自内心地

笃信，人工智能的问题将在20世纪末之前被彻底解决。马文·明斯基有句广为流传的名言："一代人之内，人工智能的问题将在总体上得到解决。"半个多世纪之后，这些预言却未能实现，而新的预言层出不穷。2002年，未来学家雷·库兹韦尔（Ray Kurzweil）曾公开预言，人工智能将在2029年之前"超越人类本身的智慧"。2018年11月，OpenAI公司联合创始人伊利亚·苏茨科弗（Ilya Sutskever）提出："我们应严肃认真地考虑近期实现通用人工智能的可能性。"关于人工智能的消息层出不穷，但要得到真正可信的人工智能，却远比想象的复杂得多，超级智能的时代远未到来。

第三节　星辰大海，超级智能与可控核聚变

500年前，位于今天墨西哥的阿兹特克文明相信，太阳及其所有的力量都是由人类血液来维持的。如今，我们知道，太阳及其他恒星是由核聚变反应提供动力的。太阳的核聚变见图7-5。

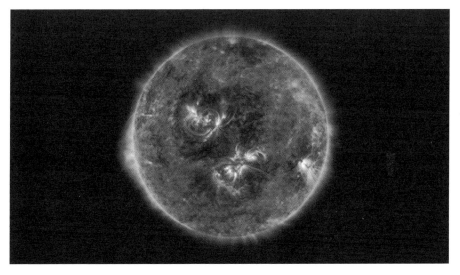

图 7-5　太阳的核聚变

自20世纪30年代人们认识到核聚变反应以来，科学家一直在寻求利用核聚变的方法。最初，这些尝试是保密的。然而，人们很快就发现，这种复杂而

昂贵的研究只能通过协作来实现。1958年，在瑞士日内瓦举行的第二届联合国和平利用原子能国际会议上，科学家向世界公布了核聚变研究。

到今天，可控核聚变可以为我们提供几乎无限的能量，不会释放二氧化碳温室气体，也不会产生放射性废物。这正是人类梦寐以求的理想能量源。但长期以来存在一个关键问题：我们何时能将核聚变之梦变成现实？

超级智能与可控核聚变到底谁先实现？这是经常被提及的一个问题。

我们现在已经在大量场景下应用了弱人工智能，包括深度学习、统计机器学习乃至强化学习等。具体来看，人工智能系统已经用于等离子体模拟，以增强科学计算和更快地收敛复杂的各种偏微分方程，甚至可以用人工智能计算版本取代科学计算。目前，等离子体的许多非线性和混沌行为的建模都很差，也许人工智能可以更好地建模这种行为，而且可以比目前的科学计算方法更快。很长一段时间以来，用于核聚变的人工智能，从本质上来看，都仅仅是用来预测等离子体行为的计算机模型，即利用人工智能系统的优越非线性表达能力来深度拟合聚变等离子体的高度混沌和非线性的行为。例如，传统统计机器学习方面，回归分析经常被用于研究定标率，如能量约束时间定标率；利用蒙特卡洛算法模拟托卡马克中快离子随时间的演化；通过支持向量机来实现H模与L模的快速高精度分类。又如，深度学习方面，深度神经网络已经被用于等离子体破裂预警、中性束注入带来的高能粒子的行为预测、托卡马克芯部热能和离子通量输运，以及通过诊断信号预测非圆截面等离子体的平衡参数。

笔者于2018年在日本核融合科学研究所做的一项工作是将CNN用于等离子体断层扫描和重建。通过大约1000个真空紫外诊断图像样本，在双Nvidia P100 GPU上训练好网络后，用于推理重建的时间缩短到2秒以内。同组研究学者用传统迭代求解方法重建的巅峰速度是90秒。

2022年年初，DeepMind公司在蛋白质折叠问题上实现巨大突破后，又将目标转向核聚变。DeepMind公司开发出了世界上第一个深度强化学习人工智能系统——可以在模拟环境和托卡马克装置中实现对等离子体的自主控制。该人工智能系统由DeepMind公司和瑞士洛桑联邦理工学院等离子体中心共同完成。瑞士洛桑联邦理工学院等离子体中心的一位成员表示："这里面有的形状已经逼近装置的极限，很可能对系统造成损坏，如果不是人工智能给的信心，我们可能不会冒这个险。"托卡马克装置内部图见图7-6。

图 7-6　托卡马克装置内部

2021年10月29日，马克·扎克伯格（Mark Zuckerberg）表示，Facebook公司正式更名为Meta，将会把未来的虚拟现实纳入其中。

仿佛在一夜之间，元宇宙突然间成为热词，相关概念形成很多热点话题。随着扩展现实、数字孪生、3D渲染、云计算、人工智能、高速网络、区块链等技术的发展及终端设备的迭代，元宇宙建设和演变可能远超人们的预期，多维度、全感官、沉浸式的人机交互新互联网形态将有望成为现实。

2022年5月30日，美国科技龙头企业英伟达（NVIDIA）在2022年度国际超级计算大会（ISC 2022）上宣布，英国原子能机构（AEA）正在使用英伟达Omniverse仿真平台来加速一个成熟的聚变反应堆的设计和开发。科研人员表示："使用Omniverse仿真平台，研究人员或能构建一个功能齐全的反应堆数字孪生，并帮助确保选择最有效的设计进行建造。"Omniverse仿真平台和数字孪生的目标是拥有一个由人工智能生成的聚变反应堆系统的复制品。英国原子能管理局（AEA）计划模拟聚变等离子体安全壳本身的物理特性，模拟将使用Nvidia Modulus人工智能物理框架完成，以实际模拟聚变反应及其遏制是如何发生的。

反侵权盗版声明

电子工业出版社依法对本作品享有专有出版权。任何未经权利人书面许可，复制、销售或通过信息网络传播本作品的行为，歪曲、篡改、剽窃本作品的行为，均违反《中华人民共和国著作权法》，其行为人应承担相应的民事责任和行政责任，构成犯罪的，将被依法追究刑事责任。

为了维护市场秩序，保护权利人的合法权益，我社将依法查处和打击侵权盗版的单位和个人。欢迎社会各界人士积极举报侵权盗版行为，本社将奖励举报有功人员，并保证举报人的信息不被泄露。

举报电话：（010）88254396；（010）88258888

传　　真：（010）88254397

E-mail： dbqq@phei.com.cn

通信地址：北京市海淀区万寿路173信箱

　　　　　电子工业出版社总编办公室

邮　　编：100036